国家出版基金项目
NATIONAL PUBLICATION FOUNDATION

中国蛇类图鉴 上
SINOOPHIS

黄 松 / 主编

海峡出版发行集团
海峡书局

图书在版编目（CIP）数据

中国蛇类图鉴 / 黄松主编. — 福州：海峡书局，
2021.9（2022.7重印）
ISBN 978-7-5567-0850-5

Ⅰ．①中… Ⅱ．①黄… Ⅲ．①蛇—中国—图集 Ⅳ.
①Q959.6-64

中国版本图书馆CIP数据核字(2021)第151630号

出 版 人：林彬

策　　划：曲利明　李长青

主　　编：黄松

副 主 编：彭丽芳

责任编辑：廖飞琴　林洁如　魏芳　陈婧　陈洁蕾

责任校对：卢佳颖

装帧设计：黄舒堉　李晔　董玲芝　林晓莉

ZHŌNGGUÓ SHÉLÈI TÚJIÀN
中国蛇类图鉴

出版发行：海峡书局
地　　址：福州市台江区白马中路15号
邮　　编：350001
印　　刷：雅昌文化（集团）有限公司
开　　本：889毫米×1194毫米　1/16
印　　张：41.625
图　　文：666码
版　　次：2021年9月第1版
印　　次：2022年7月第2次印刷
书　　号：ISBN 978-7-5567-0850-5
定　　价：880.00元

西藏温泉蛇 / 产地西藏

蛇类在自然生态系统的物质循环、能量流动和信息传递中担当重要角色，有助于稳定食物网、调节猎物数量和维持生态平衡。目前全世界已描述蛇类3800余种，生活于除极地及周边寒冷区域外的全球各生境类型中。

我国地域辽阔、气候多样、生境类型极其丰富，孕育了丰富的蛇类多样性。但我国蛇类学研究起步较晚，大多数中国蛇类物种由外国学者命名。直到1966年，中国科学院成都生物研究所已故胡淑琴教授和赵尔宓院士发表论文描述丽纹游蛇和美姑脊蛇，开启了中国学者命名中国蛇类新物种的序幕。2006年，赵尔宓院士编著的《中国蛇类》（上、下册）出版，上册描述了中国205种蛇类的分类和形态特征，下册收录了中国196种蛇类图片。这是一部具有里程碑意义的蛇类学经典专著，深受国内外学者和蛇类爱好者的欢迎。

近年来，随着分子生物学技术及研究方法的飞速发展，以及国家对生物多样性研究与保护的重视和持续支持，我国蛇类学研究也取得了长足的发展。在物种多样性认识方面，蛇类新物种不断被发现和描述，同时蛇类的分类系统也经历了较大调整。2020年，中国科学院昆明动物研究所车静研究员团队及合作者在《生物多样性》杂志发表了《中国两栖、爬行动物更新名录》，记录中国蛇类达265种。在此情况下，及时跟进和更新中国蛇类相关系统分类学研究进展，显得尤为重要。《中国蛇类图鉴》正是在这样的背景下，应运而生。

该书主编安徽师范大学黄松教授及其研究团队，从事蛇类分类、进化、保护研究数十年，积累了大量蛇类学基础资料，拍摄了百余种中国蛇类图片。加上国内外七十余位学者和生物摄影者的支持，助力了《中国蛇类图鉴》的编撰和出版。

蛇类没有四肢，物种识别主要依据体表鳞被和色斑特征。《中国蛇类图鉴》以"一蛇九图"理念，全方位展示蛇体各部位形态特征，是蛇类图鉴编写思路的新尝试、新视野，这也提升了该书的学术参考价值。尽管书中仍有很多蛇种的图片无法达到"一蛇九图"要求，但该理念值得其他图鉴类书籍参考。

该书展示了245种中国蛇类共2300余幅图片，兼顾科普性和艺术性，文字描述精简，以体表鳞被和色斑特征为主。此外，大多数图片还以图注形式展示，便于读者，特别是初学者理解和掌握物种基本的分类识别特征。

在联合国《生物多样性公约》第十五次缔约方大会（COP15）即将召开之际，《中国蛇类图鉴》一书的出版，彰显了我国在生物多样性研究领域取得的积极进展。该书的出版有助于推进我国蛇类学相关研究、科普和保护工作。

在《中国蛇类图鉴》即将付梓之际，欣然作序，特此祝贺！

中国科学院院士
中国科学院昆明动物研究所研究员
2021年8月9日

前言 /

　　保护生态就是保护我们人类自己，这已成为全人类的共识。生态，简言之，即多样和平衡。保护生态就是保护生物多样性并维持多样性之间的平衡。物种是基因、种群、群落、生态系统、景观多样性的承载者和体现者。认识物种多样性，了解物种生活史特征和系统进化关系，是一切生物学研究和实施生态保护的基础和前提。

　　近年来，海峡书局提出了系统、全面地梳理我国各生物类群的物种多样性，夯实我国生态保护基础的"生态出版"理念。目前已相继出版了《中国鸟类图鉴》《中国蝴蝶图鉴》《中国兽类图鉴》《中国甲虫图鉴（隐翅虫科）》等精美图鉴，其他各类群也在紧锣密鼓地编撰中。海峡书局系列生态图鉴的出版，为生态文明建设做出积极贡献。

　　2018年11月22日，经我国资深动物研究专家王跃招、刘少英两位研究员推荐，海峡书局找到我，提出让我主编《中国蛇类图鉴》。我深感资历不够、能力有限、积累不足，不敢担当。但听完海峡书局"生态出版"理念和出版计划介绍，我深受鼓舞，深为感动，深深认可海峡书局所说的生态文明建设必须"不捐细流"，才能"以成大海"，深深认可致力于生态文明建设，必须"千里之行，始于足下"，所以不揣谫陋，斗胆接受了邀请。

　　三年时间很快过去了，在《中国蛇类图鉴》即将付梓之际，我感慨万千。如果没有全国（包括台港澳）学者和生物摄影者慷慨提供精美的图片，如果没有我们科研团队每一位成员夜以继日地苦战，如果没有海峡书局出版团队的辛苦付出，《中国蛇类图鉴》就不可能在这个时候顺利出版。在此，我表示衷心感谢！

　　特别感谢张亚平院士百忙之中抽出时间为本书作序，对本书给予充分肯定和高度评价！

　　由于水平有限，书中的疏漏、不足，甚至错误肯定较多。中国的蛇类学研究任重道远，希望本书的出版，能够抛砖引玉，为我国蛇类学研究尽一份微薄之力。恳请各位前辈、专家和广大读者批评、指正。

一、中国蛇类分类系统

蛇类隶属于动物界、脊索动物门、脊椎动物亚门、爬行纲、有鳞目、蛇亚目。高级分类界元争议较少。近十几年来，随着分子系统学的引入，蛇类科、属、种级分类有较多意见分歧。由于部分分子系统学研究基于的遗传标记较少、支持率不高、物种覆盖度不全等原因，得出的结果常常不能得到普遍认可。以下分述本书中蛇类科、属、种级分类依据和物种界定标准。

（一）科级分类

从2016年开始，编者团队与中山大学张鹏团队、王英永团队和宜宾学院郭鹏团队合作，分析了176个蛇类物种的443个组织样本，基于"多位点标记系统"（5个线粒体标记、19个脊椎动物通用核蛋白编码标记和72个蛇类特异性非编码内含子标记），构建了中国蛇类大尺度系统框架（Li et al., 2020）。

本书按照其研究结果，将中国蛇类分隶于13个科：盲蛇科、蚺科、筒蛇科、闪鳞蛇科、蟒科、瘰鳞蛇科、闪皮蛇科、钝头蛇科、蝰科、水蛇科、屋蛇科、眼镜蛇科和游蛇科。

（二）属级和种级分类

正如科级分类一样，属级和种级分类目前尚无统一标准。本书按照编者团队多年来在蛇类分类学科研实践中总结出来的"属级稳定"和"种级细分"原则划分属、种（Huang et al., 2021）。

在属级水平，建议保持稳定（即属级稳定原则），特别是"分""合"皆可的情况下。因为属级的界定标准不统一，且主观性较强。另外，物种的拉丁名由属名+种加名构成，经常使用在非分类学学科、文学、商业、法律、保护、教育等各领域。属级分类阶元的稳定可减少非专业分类学人士对物种名称频繁变动的困扰。

在物种水平，建议细分（即种级细分原则），这有利于对物种自然历史的精确描述，并且有利于在分类学和保护生物学实践中的表达、沟通和交流，减少歧义。

（三）物种界定

目前在物种概念和物种界定标准上，全球分类学家仍未形成统一意见，争议颇多。本书编者团队于2014年提出了物种界定的"四差异原则"（Peng et al., 2014；Huang et al., 2021）。该原则是既不过于严苛（强调生殖隔离），又不过于宽松（以些微形态差异定种）的折中的物种界定原则。第一，外部形态上与近缘种存在差异（可识别特征）；第二，存在地理或生态、生理、身体结构上的差异（代表自然的生殖隔离）；进一步证实形态差异是否具有分类学意义而非种下多态，还需要：第三，线粒体基因差异（母系分歧）；第四，核基因差异（亲本分歧）。

科学的发展总是螺旋式上升、曲折性前进的。编者团队提出的"种级细分""属级稳定"以及"四差异原则"的建议，恳请得到同行的批评和讨论，希望在讨论中大家的意见逐渐接近并达成一致，以利于分类学的健康发展。

二、部分类群分类地位和中文科学名称的说明

自2018年11月22日，编者不揣谫陋承邀编撰《中国蛇类图鉴》以后，首先要解决的问题就是要明确中国蛇类分类系统以及确定每个物种的拉丁名和中文科学名称。参阅了大量论文和书籍，经过近一年的讨论，编者团队意见达成一致。现将部分类群分类地位和中文科学名称的确定情况分述如下。

（一）蟒科和蚺科

蟒科和蚺科（中国各有1种）包括很多大型无毒蛇类（亦有体型较小者）。我国最大的蛇，蟒（拉丁种名：*Python bivittatus*，拉丁属名和科名分别为*Python*和Pythonidae），在过去的中文分类系统中隶属于蚺属、蚺科。

我国古代（可追溯到1200年前），蟒被称为蚺。我国近现代，无论学术界还是社会各界，都称呼其为蟒或蟒蛇。蟒和蚺这两个字的释意没有区别。既然现在所有中国人都认可"蟒"为其种名，那么为什么不可以将*Python*的中文名确定为蟒属，将Pythonidae的中文名确定为蟒科？这样，可以避免以前的中文分类系统中"蟒隶属于蚺属、蚺科"的困扰。相应地，Boidae的中文名称可确定为蚺科。

大胆地将蟒科、蚺科中文名称倒置不是编者首创。实际上，数年前，数位青年学者和蛇类爱好者就已经将它们的中文名称倒置了（例如：齐硕，2018网络发布）。经过编者团队查阅文献和反复讨论，同意他们的观点，在本书中将Pythonidae的中文名称确定为蟒科，*Python*为蟒属；Boidae为蚺科，*Eryx*为沙蚺属。

蟒科Pythonidae、蚺科Boidae形态学主要差别是：

蟒科，头背有大鳞、有唇窝、有前颌齿。被称为"三有"者。

蚺科，头背无大鳞、无唇窝、无前颌齿。被称为"三无"者。

（二）竹叶青蛇属

竹叶青蛇属物种是一类中小型具颊窝的管牙类毒蛇，大多通身背面底色为绿色，形态相似性较高。过去基于分子系统学研究，竹叶青蛇属被分割为若干属，物种中文科学名称也有较大变动。但这些变动都未得到国内外学术界普遍认可。本书将它们回归到经典的竹叶青蛇属，并将它们的物种中文科学名称回归到经典名称。

四川华蝮*Sinovipera sichuanensis*是宜宾学院郭鹏团队2011年发表的新种。形态学和分子系统学研究都应将其归于竹叶青蛇属，故将其拉丁名改为*Trimeresurus (Sinovipera) sichuanensis*，原属作为亚属。新种发表以来，其中文科学名称已经被学术界和蛇类爱好者界广泛接受。故其中文科学名称保留使用"四川华蝮"。

（三）广义锦蛇属

广义锦蛇属是蛇类中近期快速适应进化的类群。分子系统学研究亦将其分割为若干属。由于其体型、鳞被和色斑具有一定差异，本书暂且接受分割后的拉丁属名。但广义锦蛇属所有物种的中文科学名称全部恢复为经典名称，且分割后各属的中文名称全部加入"锦"字。

（四）脊蛇属

脊蛇属是一类小型、穴居的无毒蛇类。背鳞披针形，单个排列（大多数蛇类背鳞覆瓦状排列）。美姑脊蛇在分子系统树上位于该属的基础位置，且形态上具有与同属其他物种不同的特征（没有鼻间鳞）。有学者建议将美姑脊蛇独立成属。出于"属级稳定"原则，本书没有采纳。

（五）华游蛇属

华游蛇属*Sinonatrix*创立于1977年，辖原游蛇属*Natrix*中主要分布于中国的物种，故名华游蛇属。2019年，中国科学院成都生物研究所李家堂团队在进行后棱蛇属分子系统学研究时，发现横纹后棱蛇聚在华游蛇属中。由于横纹后棱蛇为环游蛇属*Trimerodytes*的模式种，且较华游蛇属*Sinonatrix*有命名优先权，故恢复*Trimerodytes*属名，取消*Sinonatrix*属名。本书采纳该结果。但由于该属物种主要分布于中国，且华游蛇属中文名称早已深入人心。故本书将该属中文名称仍沿用华游蛇属，属下物种中文科学名称皆以华游蛇命名。

（六）乌梢蛇属

背鳞行数通常是蛇类分类的主要依据之一。中国蛇类中唯独乌梢蛇属物种脊鳞双行、背鳞行数为偶数。世界蛇类中背鳞行数为偶数的也很少见。例如，新热带界仅*Chironius*属蛇类背鳞行数为偶数。尽管若干分子系统学研究结果将乌梢蛇属并入鼠蛇属，但是编者仍暂时保留乌梢蛇属的有效性。期待基于更多遗传标记的分子系统学研究结果问世，再行讨论乌梢蛇属的有效性。

（七）中国蛇类物种中文科学名称恢复使用经典名称

中国蛇类物种，特别是知名的，或有经济价值的物种的中文科学名称，建议恢复使用经典名称。一方面，这些中文科学名称已经具有文化意义（例如：乌梢蛇、竹叶青蛇），不宜轻易变动；另一方面，属级分子系统学研究结果尚未达到一致意见之前，物种中文科学名称不宜跟随属名的变动而变动（例如：黑眉锦蛇数年前变为黑眉晨蛇，近几年又变回黑眉锦蛇），以减少中文科学名称频繁变动给非分类学人士造成困扰。

三、主要参考文献和文字描述中部分名词术语释义

本书是在前辈和同行研究积累的基础上编撰而成的。主要参考的书籍和网站有：

《中国动物志 爬行纲 第三卷 有鳞目 蛇亚目》（赵尔宓、黄美华、宗愉等，1998）；

《中国蛇类》（赵尔宓，2006）；

《西藏两栖爬行动物——多样性与进化》（车静、蒋珂、颜芳、张亚平，2020）；

《台湾两栖爬行类图鉴》（向高世、李鹏翔、杨懿如，2009）；

《常见爬行动物野外识别手册》（齐硕，2019）；

The Reptile Database (http://www.reptile-database.org, Uetz P., Freed P., Aguilar R., Hošek J., 2021)。

其他主要参考的书籍和论文请见附录1。

本书文字描述力求精简，以色斑特征为主。体表鳞被仅列出与近缘种或近缘类群有差异的数据。每个物种的描述顺序是，第一句描述体型和是否有毒，接着从头到尾、从背到腹逐项描述。涉及物种识别特征的句子标"灰色块"表示。

每个物种在国内的分布列出省、区的名称，国外也有分布的列出国家名称。模式标本产地在中国的，所在省的名称排在第一，并标以"灰色块"；模式标本产地在国外的，所在国家名称排在第一，也标以"灰色块"；模式标本产地不确定的，则不标。相邻分布区域依次排列，便于读者查看。

体型分为五档，大致的全长范围如下：

小型：全长0.5米以下。例如盲蛇属、脊蛇属、两头蛇属物种。

中小型：全长0.5—1米。体较短且较粗者（例如部分亚洲蝮属物种），或体较长且较细者（例如绿瘦蛇）。

中型：1—1.5米。例如舟山眼镜蛇、灰鼠蛇、南峰锦蛇、环蛇属物种。

中大型：1.5—2.5米。例如王锦蛇、乌梢蛇、黑线乌梢蛇。

大型：2.5米以上。例如蟒、眼镜王蛇、黑网乌梢蛇。

蛇的身体，分为头、体、尾三部分，分别以颈和肛孔（泄殖孔）为界。全书统一使用这三个字描述这三部分。

蛇头、体、尾常具形状各异的斑纹，是物种识别的主要依据。根据斑纹的粗、细、形状的不同分别用如下词语表示：

纹：长形、边缘较规则且较细者。

斑：长形、边缘较规则且较粗者。

斑纹：长形、边缘不规则且粗细不均匀者。

斑块：非长形、边缘不规则且较大者。

斑点：非长形、边缘规则或不规则且较小者。

纵带：纵列于蛇体的背面或腹面，较长、较宽且边缘较规则者。

眉纹：位于头侧，与眼接触者，分为粗眉纹、窄眉纹和细眉纹。

竖纹、竖斑：位于唇鳞，近似与地面垂直。细者称竖纹，粗者称竖斑。

"斑纹"通常也是上述各词语的总称。

在涉及背鳞行数的描述时，背鳞用英文大写字母"D"表示（背鳞英文单词Dorsal的第一个字母）。D后面的数字表示背鳞从最外向内排列的行数。例如：D1表示背鳞最外第1行，依次类推。

四、"一蛇九图"和本书图片选择标准

为提升蛇类图鉴的科学性，提高通过外部形态特征识别蛇种的可能性。本书提出了"一蛇九图"理念。拍摄时一种蛇拍九张图，排版时一种蛇尽量展示九张图：1.吻端；2.头背；3.头右侧；4.头左侧；5.头腹；6.通身背面；7.通身腹面；8.肛部；9.尾腹。如果蛇尾较短，肛部和尾腹一张图即可。另外，分类学特征显著的部位，可增加一张特写图。比如颈背正中2行背鳞间具1个纵行浅凹槽、背鳞斜列、脊鳞六边形、脊鳞双行、最外行背鳞扩大等。

本书很多物种没有达到"一蛇九图"的要求，这是本书最大的遗憾，未来需要补充大量图片。

特别感谢70余位学者和各界同仁慷慨提供了100余种共1000余张蛇类摄影佳作。编辑过程中，本书首先满足"一蛇九图"的要求。另外，尽量展示不同产地、不同色型、过渡形态的图片。还有一些图片虽然非常精美，但由于篇幅有限，未被选用，恳请各位供图者谅解。

本书共收录了245种共2300多张图片。多年来没有再被发现的已知物种和西藏南部的物种难以收集到图片，2020年10月以来发表的新种大多未能及时收集到图片。到本书付印时，中国蛇类共297种，请见附录4中国蛇类最新名录。

五、科研项目夯实本书的编撰基础

编者团队专注于蛇类等两栖爬行动物分类、进化、保护研究，曾得到国家级、省部级和校级各类科研项目支持。其中主要项目的名称、类别和编号如下：

西天山蛇类动物多样性格局解析，第二次青藏高原综合科学考察研究项目子课题（STEP，2019QZKK0501）

中国蛇类生命树，安徽师范大学博士研究启动项目（752017）

尖吻蝮种群遗传基因组学，安徽省人力资源和社会保障厅博士后基金项目（2020B422）

西藏温泉蛇、四川温泉蛇生存现状调查与保护成效评估，生态环境部中国环境科学研究院（2019HB2096001006）

生物多样性观测（两栖动物，西藏昌都、日喀则、札达样区），生态环境部南京环境科学研究所

中华珊瑚蛇属物种多样性和分子系统地理学研究，国家自然科学基金面上项目（NSFC31471968）

温泉蛇属分类学和系统地理学研究，国家自然科学基金面上项目（NSFC31071891）

中国亚洲蝮属高原类群系统发育地理学及分类学研究，国家自然科学基金面上项目（NSFC30870290）

在这些科研项目的资助下，编者团队得以在全中国开展野外科学考察研究，获得了大量蛇类学基础数据，拍摄了数千张蛇类图片，为本书的编撰打下了坚实的基础。特此表示衷心感谢！

西藏温泉蛇／产地西藏

盲蛇科 Typhlopidae /
东南亚盲蛇属 Argyrophis Gray, 1845

大盲蛇

Argyrophis diardii (Schlegel, 1839)

- 两头蛇（海南），棒棒蛇（云南）
- Large blind snake

小型穴居无毒蛇。最大全长约0.3米，体圆柱形，似蚯蚓。头小，与颈不分。吻端钝圆且略扁，吻鳞宽大，口位于吻端腹面。眼小，呈黑点，隐于眼鳞之下。鼻鳞位于吻鳞两侧，较大，鼻孔侧位，鼻鳞沟不完整（不完全裂开）。上唇鳞4枚。通身背面棕褐色，具金属光泽，腹面淡黄色。通身被覆大小相似的鳞片，环体一周24—28枚，呈覆瓦状排列，未分化出较大的腹鳞。尾极短，末端尖且硬。

国内分布于海南、云南。国外分布于越南、柬埔寨、泰国、老挝、缅甸、孟加拉国、不丹、尼泊尔、印度、马来西亚、印度尼西亚。

① 体圆柱形 / 产地云南
② 隐于鳞片之下的小黑点是它的眼 / 产地云南
③ 头最前端宽大的吻鳞适于穴居生活 / 产地云南
④ 产地云南

⑤ 身体缠绕 / 产地云南
⑥ 尾末端尖且硬 / 产地云南
⑦ 通身具金属光泽 / 产地云南

⑤

⑥

⑦

印度盲蛇属 *Indotyphlops* Hedges, Marion, Lipp, Marin and Vidal, 2014

钩盲蛇

Indotyphlops braminus (Daudin, 1803)

- 盲蛇，铁丝蛇，铁线蛇（福建）
- Common blind snake

小型穴居无毒蛇。最大全长约0.2米，体圆柱形，似蚯蚓。头小，与颈不分。吻端钝圆且略扁，吻鳞较窄长，口位于吻端腹面。眼小，呈黑点，隐于眼鳞之下。鼻鳞位于吻鳞两侧，较大，鼻孔侧位，鼻鳞沟完全裂开。上唇鳞4枚。通身背面棕褐色或黑褐色，具金属光泽，腹面色浅。通身被覆大小相似的鳞片，环体一周20枚，呈覆瓦状排列，未分化出较大的腹鳞。尾极短，末端尖且硬。

国内分布于云南、贵州、四川、重庆、广西、广东、海南、澳门、香港、福建、台湾、江西、浙江、湖北。国外分布于南亚、东南亚、琉球群岛，引进到非洲、西亚、澳大利亚、印度洋及太平洋岛屿、墨西哥、美国（佛罗里达）。

① 体圆柱形，具金属光泽 / 产地不详　　② 头与颈不分 / 产地海南

③ 产地不详

④ 舌微微伸出 / 产地不详

⑤ 尾极短，末端尖且硬 / 产地广东

⑥ 窄长的吻鳞。鳞片之下的小黑点是眼 / 产地台湾

白头钩盲蛇

Indotyphlops albiceps (Boulenger, 1898)

- 白头盲蛇（香港）
- White-headed blind snake

小型穴居无毒蛇。体圆柱形，似蚯蚓。头小，与颈不分。头、颈背、肛区和尾尖白色。吻端钝圆且略扁，口位于吻端腹面。眼小，呈黑点，隐于眼鳞之下。鼻鳞位于吻鳞两侧，较大，鼻孔侧位，鼻鳞沟完全裂开。上唇鳞4枚。通身背面棕褐色，具金属光泽。通身被覆大小相似的鳞片，环体一周20枚，呈覆瓦状排列，未分化出较大的腹鳞。尾极短，末端尖且硬。

国内分布于香港。国外分布于泰国、缅甸、马来西亚。

① 体圆柱形，具金属光泽 / 产地香港　　② 头、颈背、尾尖白色 / 产地香港
③ 眼小，呈黑点，隐于眼鳞之下 / 产地不详
④ 产地不详
⑤ 头、颈背、尾尖白色 / 产地香港

蚺科 Boidae /
沙蚺属 *Eryx* Daudin, 1803

红沙蚺

Eryx miliaris (Pallas, 1773)

- 土棍子（新疆），土公、两头齐（甘肃）
- Desert sand boa

中小型原始蛇类。穴居，无毒。体粗短，近圆柱形，通体径粗相似。头较小，与颈区分不明显。吻端较扁，吻鳞较宽且低。头背鳞片细小。鼻孔裂缝状。眼小，侧位，略向上。通身背面土红褐色或沙灰色，体背两侧具近似圆形黑斑，常在脊部相连成横斑，体侧具较小黑斑。通身被覆较小鳞片，已明显分化出腹鳞，较窄，但比相邻背鳞较宽。尾短，末端圆钝。腹面灰白色，密布黑褐色和橘红色点斑，大多聚集在腹中部。

国内分布于新疆、甘肃、内蒙古、宁夏。国外分布于土库曼斯坦、哈萨克斯坦、伊朗、伊拉克、巴基斯坦、阿富汗、印度、蒙古。

① 体粗短，脊部两侧黑斑左右相连或交错排列 / 产地新疆
② 吻端较扁，适于穴居 / 产地新疆
③ 头较小，与颈区分不明显 / 产地新疆
④ 伸出舌 / 产地新疆
⑤ 脊部两侧黑斑较小，属个体差异 / 产地新疆
⑥ 头腹白色，散布不规则小黑斑 / 产地新疆
⑦ 腹面密布黑褐色和橘红色点斑 / 产地新疆
⑧ 尾腹点斑较少 / 产地新疆
⑨ 吻端较窄 / 产地新疆

⑩ 产地新疆

⑪ 仰望天空"盼望下雨" / 产地新疆

⑫ 产地新疆

⑬ 通身背面沙灰色 / 产地不详

⑭ 通身背面土红褐色 / 产地新疆

闪鳞蛇科 Xenopeltidae /
闪鳞蛇属 *Xenopeltis* Reinwardt, 1827

闪鳞蛇

Xenopeltis unicolor Reinwardt, 1827

· Sunbeam snake

中小型原始蛇类。穴居，无毒。体圆柱形。吻钝圆。眼小。头较扁，与颈区分不明显。头背具2对顶鳞，其间具1枚顶间鳞。无颊鳞，眶前鳞1枚，眶后鳞2枚（相似种海南闪鳞蛇1枚），上唇鳞8枚（相似种海南闪鳞蛇7枚，个别为6枚），下唇鳞8枚（相似种海南闪鳞蛇6枚或7枚）。背面棕褐色，背鳞略呈六边形，具较强金属光泽。D1背鳞灰白色，宽度约为正常背鳞的2倍。D2和D3背鳞鳞缘灰白色。腹面灰白色。尾下鳞22—31对（相似种海南闪鳞蛇，尾下鳞16—19对），尾长于海南闪鳞蛇。

国内分布于云南。国外分布于印度尼西亚、马来西亚、菲律宾、泰国、柬埔寨、越南、老挝、印度、斯里兰卡、孟加拉国、缅甸。

① 头背具2对顶鳞，其间具1枚顶间鳞 / 产地云南　　② 正在绞杀小白鼠 / 产地不详

③ 产地不详

④ 产地云南

⑤ 产地云南

⑥ 通身具较强金属光泽 / 产地云南

海南闪鳞蛇

Xenopeltis hainanensis Hu and Zhao, 1972

- 泥蛇（湖南莽山）
- Hainan sunbeam snake

中小型原始蛇类。穴居，无毒。体圆柱形。吻钝圆。眼小。头较扁，与颈区分不明显。头背具2对顶鳞，其间具1枚顶间鳞。无颊鳞，眶前鳞1枚，眶后鳞1枚（相似种闪鳞蛇2枚）。上唇鳞7枚，个别为6枚（相似种闪鳞蛇8枚），下唇鳞6枚或7枚（相似种闪鳞蛇8枚）。背面棕褐色，背鳞略呈六边形，具较强金属光泽。D1背鳞灰白色，宽度约为正常背鳞的2倍。D2和D3背鳞鳞缘灰白色。腹面灰白色。尾下鳞16—19对（相似种闪鳞蛇尾下鳞22—31对），尾短于闪鳞蛇。

国内分布于海南、广东、广西、福建、浙江、湖南、江西。国外分布于越南。

① 腹面灰白色 / 产地浙江　　② 背鳞略呈六边形 / 产地浙江

③ 产地广东

④ 产地浙江

⑤ 头背具2对顶鳞，其间具1枚顶间鳞 / 产地广东

⑥ 幼体 / 产地海南

⑦ 尾较闪鳞蛇短 / 产地广东

蟒科 Pythonidae /
蟒属 *Python* Daudin, 1803

蟒

Python bivittatus Kuhl, 1820

- 蟒蛇、缅蟒（全国），南蛇、琴蛇
  （广东、广西、海南）

- Burmese python

大型原始蛇类，无毒。一般全长3—4米，最长有6—7米。头较小，与颈可区分。吻端较窄且略扁。鼻孔开于鼻鳞上部。部分上唇鳞和下唇鳞有唇窝（热测位器官）。泄殖孔两侧有爪状后肢残迹，雄性较为明显。头、颈背面具暗褐色"矛"形斑，该斑两侧具较规则的尖端朝前的倒"V"形斑。倒"V"形斑外侧伴以黑纹，覆盖眼部。自眼向后下方还有2条黑纹分别达唇缘和口角。通身背面棕褐色或灰褐色，体背及两侧具镶黑边的云豹斑纹，斑纹间色浅形成肉纹。腹面黄白色。

国内分布于西藏、云南、贵州、广西、广东、海南、香港、澳门、福建。国外分布于印度尼西亚、泰国、柬埔寨、越南、老挝、缅甸、孟加拉国、不丹、尼泊尔、印度，引进到美国的佛罗里达州。

① 蟒喜欢泡在水里 / 产地香港
② 产地不详
③ 蟒的体色和斑纹与环境很接近 / 产地云南

④ 体腹黄白色具横纹 / 产地不详

⑤ 头腹白色无斑 / 产地不详

⑥ 绞杀较小猎物，仅需前段躯体 / 产地不详

⑦ 头右侧，可见裂缝状唇窝 / 产地不详

⑧ 头左侧，可见裂缝状唇窝 / 产地不详

⑨ 泄殖孔两侧具爪状后肢残迹 / 产地不详

⑩ 头、颈背面具"矛"形斑，两侧具倒"V"形斑 / 产地不详

⑪ 吻部可见唇窝 / 产地不详

/ 瘰鳞蛇科 Acrochordidae
瘰鳞蛇属 *Acrochordus* Hornstedt, 1787

瘰鳞蛇

Acrochordus granulatus (Schneider, 1799)

锉子蛇 •
Little file snake, Wart snake •

瘰鳞蛇科仅辖瘰鳞蛇1属，已知3种，是原始蛇类和进步蛇类的过渡类群，分布于亚洲热带地区到澳大利亚北部，中国已知1种：瘰鳞蛇。中小型完全水栖无毒蛇。栖居于滨海河口，适应海水和淡水生活。主食鱼类。头、颈区分不明显。鼻孔背位，孔周具一圈小鳞。体粗，皮肤松弛，尾较短且略侧扁，游动时身体侧扁。通身小鳞平砌排列，小鳞突起似瘰粒，故名瘰鳞蛇，俗称锉子蛇。无宽大的腹鳞，腹面中线具1条纵行皮褶。头背具不规则的灰白点斑。体背底色为灰黑色或灰褐色，通体体侧具灰白色或黄色横斑，体段横斑50条左右，尾段横斑10条左右。横斑向上延伸至背脊处，相遇或交错；向下延伸止于腹中线皮褶处，相遇或交错。两性异型，雌性通常比雄性大，表现为头更大、体更长、身体更重。

国内分布于海南。国外分布于南亚及东南亚沿海、新几内亚、澳大利亚西部和北部沿海、所罗门群岛。

① 通身小鳞突起似瘰粒，故名瘰鳞蛇，俗称锉子蛇 / 产地不详
② 产地不详
③ 白化变异个体 / 产地不详
④ 横斑消失的变异个体 / 产地不详

内皮蛇科 Xenodermidae /
脊蛇属 *Achalinus* Peters, 1869

棕脊蛇

Achalinus rufescens Boulenger, 1888

· **Boulenger's odd-scaled snake**

小型穴居隐匿生活的无毒蛇。主食蚯蚓。背鳞披针形，单个排列不呈覆瓦状。头较小，与颈区分不明显。眼小色黑。鼻间鳞沟远长于前额鳞沟。2枚前额鳞均入眶或仅上枚入眶。通身背面棕褐色，背正中具深色脊线，部分个体脊线不明显，甚至不可见。背鳞通身23行（原始描述香港正模背鳞通身25行），最外行扩大。背鳞均具棱或仅最外行平滑。腹面铅灰色或米黄色。肛鳞完整，尾下鳞单行。

国内分布于香港、广东、广西、贵州、海南、江西、福建、浙江、陕西。国外分布于越南北部。

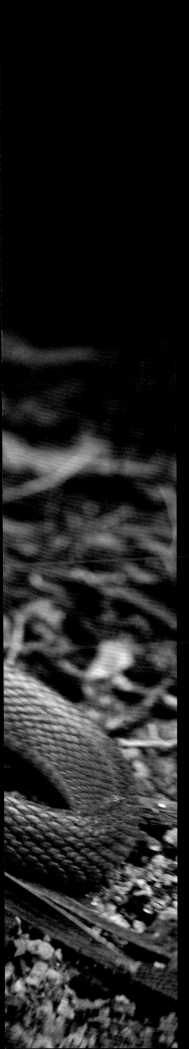

① 背鳞披针形，单个排列不呈覆瓦状 / 产地香港
② 颏部，伸出的舌 / 产地广东
③ 头较小，与颈区分不明显 / 产地广东
④ 头左侧，2枚前颞鳞，均入眶 / 产地广东
⑤ 头右侧，2枚前颞鳞，均入眶 / 产地广东
⑥ 产地香港

⑩

台湾脊蛇

Achalinus formosanus Boulenger, 1908

- 台湾标蛇（台湾）
- Formosa odd-scaled snake

　　小型穴居隐匿生活的无毒蛇。主食蚯蚓。背鳞披针形，单个排列不呈覆瓦状。头较小，与颈区分不明显。眼小色黑。鼻间鳞沟短于前额鳞沟。通身背面黑褐色或黄褐色，具金属光泽。脊部具1条深色纵纹，自颈后延伸至尾末。背鳞27—27—25行。中段中央15—17行具棱，后段全部具棱。腹面黄白色，鳞缘色黑。肛鳞完整，尾下鳞单行。

　　国内分布于台湾。国外分布于日本。

① 背鳞披针形，单个排列不呈覆瓦状 / 产地台湾　　② 体色偏黄个体 / 产地台湾
③ 吃蚯蚓 / 产地台湾
④ 产地台湾
⑤ 产地台湾
⑥ 产地台湾

青脊蛇

Achalinus ater Bourret, 1937

• Bourret'sodd-scaled snake

小型穴居隐匿生活的无毒蛇。主食蚯蚓。背鳞披针形，单个排列不呈覆瓦状。头较小，与颈区分不明显。眼小色黑。枕部具1个黄褐色斑，头腹黄白色。通身背面黑色或深棕色，具金属光泽，脊部没有深色脊纹。背鳞通身23行，均具棱，最外行扩大。体、尾腹面黑褐色，鳞缘色浅。肛鳞完整，尾下鳞单行。

国内分布于贵州、广西、湖南。国外分布于越南。

① 背鳞披针形，单个排列不呈覆瓦状。枕部具1个黄褐色斑 / 产地广西　　② 没有眶前鳞和眶后鳞 / 产地广西
③ 鼻间鳞沟长度是前额鳞沟的2倍 / 产地广西
④ 产地广西

美姑脊蛇

Achalinus meiguensis Hu and Zhao, 1966

• Szechwan odd-scaled snake

小型穴居隐匿生活的无毒蛇。主食蚯蚓。眼小色黑。背鳞披针形，单个排列不呈覆瓦状。头较小，与颈区分不明显。没有（或眶后下角具1枚极小的）眶后鳞，没有鼻间鳞。通身背面黑褐色或紫褐色，具金属光泽，脊部没有深色脊纹。中段背鳞19—21行，个别23行，最外行扩大且平滑，其余皆明显具棱。腹面色略浅，每枚腹鳞的游离缘灰白色。肛鳞完整，尾下鳞单行。

国内分布于四川、云南、贵州。

① 没有鼻间鳞，前额鳞甚长 / 产地四川　　② 脊部没有深色脊纹 / 产地四川
③ 产地四川
④ 吃蚯蚓 / 产地四川
⑤ 快蜕皮了，全身泛白，眼被蛇蜕蒙蔽 / 产地四川
⑥ 幼体枕部具浅色横斑 / 产地四川

井冈山脊蛇

Achalinus jinggangensis (Zong and Ma, 1983)

· Zong'sodd-scaled snake

小型穴居隐匿生活的无毒蛇。主食蚯蚓。背鳞披针形，单个排列不呈覆瓦状。头较小，与颈区分不明显。眼小色黑。前额鳞向头侧延伸，与上唇鳞相接，无颊鳞。鼻间鳞沟长度约为前额鳞沟的1.5倍。前颞鳞2枚均入眶。通体青黑色，腹鳞后游离缘色淡，全身具强烈的蓝闪光。背鳞通身23行，最外行扩大且平滑，其余皆明显具棱。肛鳞完整，尾下鳞单行。

国内分布于江西、广东、湖南。

① 没有颊鳞、眶前鳞和眶后鳞，前额鳞向头侧延伸，与上唇鳞相接 / 产地广东　　② 背鳞披针形，单个排列不呈覆瓦状 / 产地湖南
　　　　　　　　　　　　　　　　　　　　　　　　　　　　　　　　　　　　　③ 产地广东
　　　　　　　　　　　　　　　　　　　　　　　　　　　　　　　　　　　　　④ 蓝闪光 / 产地江西
　　　　　　　　　　　　　　　　　　　　　　　　　　　　　　　　　　　　　⑤ 产地广东

云开脊蛇

Achalinus yunkaiensis Wang, Li and Wang, 2019

• Yunkai mountain's odd-scaled snake

小型穴居隐匿生活的无毒蛇。主食蚯蚓。背鳞披针形，单个排列不呈覆瓦状。头较小，与颈区分不明显。眼小色黑。鼻间鳞沟长度约等于前额鳞沟。前颞鳞2枚均入眶。通身背面深棕色，具金属光泽，背脊中央3行鳞片色深形成脊纹，从顶鳞后缘延至尾末。腹鳞中间色白，两侧逐渐变深，最靠近背鳞的与其同色。尾下鳞深棕色。背鳞通身23行，最外行明显扩大且光滑，其余均具棱。肛鳞完整，尾下鳞单行。

国内分布于广东、广西。

① 正模活体 / 产地广东
② 副模活体，幼体 / 产地广东
③ 副模活体 / 产地广东

黄家岭脊蛇

Achalinus huangjietangi Huang, Peng and Huang, 2021

Huang's odd-scaled snake ·

　　小型穴居隐匿生活的无毒蛇。主食蚯蚓。背鳞披针形，单个排列不呈覆瓦状。头较小，与颈区分不明显。眼小色黑。前颞鳞2枚均入眶。通身背面棕褐色或黄褐色，具金属光泽。背脊中央具深色脊纹，从顶鳞后缘延至尾末端。腹面浅棕色。肛鳞完整，尾下鳞单行。尾腹中央具1条黑纹，由不规则黑色点斑连缀而成。

　　国内分布于安徽。

① 这条蛇很特别，顶鳞从中央纵裂开 / 产地安徽

② 产地安徽

③ 正模标本 / 产地安徽

④ 正模标本 / 产地安徽

⑤ 正模标本 / 产地安徽

⑥ 正模标本 / 产地安徽

⑦ 正模标本 / 产地安徽

⑧ 正模标本 / 产地安徽

⑨ 副模活体。体色偏黄，脊纹更明显 / 产地安徽

⑩ 副模活体 / 产地安徽

⑪ 副模活体 / 产地安徽

⑫ 副模活体 / 产地安徽

⑬ 副模活体 / 产地安徽

⑭ 尾腹中央具由不规则黑色点斑连缀而成的黑纹 / 产地安徽

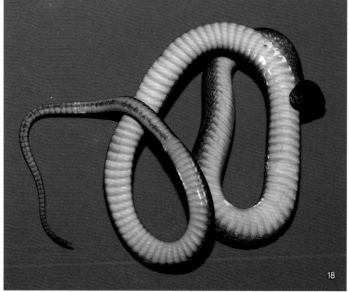

⑮ 副模活体 / 产地安徽

⑯ 副模活体 / 产地安徽

⑰ 副模活体 / 产地安徽

⑱ 尾腹中央具由不规则黑色点斑连缀而成的黑纹 / 产地安徽

⑲ 副模活体 / 产地安徽

⑳ 副模活体。颔片2对 / 产地安徽

①

钝头蛇科 Pareidae /
钝头蛇属 *Pareas* Wagler, 1830

棱鳞钝头蛇

Pareas carinatus Wagler, 1830

• Keeled slug-eating snake

小型无毒蛇。体修长，略侧扁。头大，吻端钝圆，头、颈区分明显。颊片3对，左右交错，不形成颊沟。尾末端尖细，具缠绕性。头背密布黑褐色点斑，额鳞侧边平行于体轴，前额鳞不入眶。眼后具上下2条黑色细线纹：上条向后延伸到颈背；下条明显或隐约可见，向后下方延伸到口缘。通身背面黄褐色，大多数背鳞密布细碎黑点。部分背鳞黑褐色，常并列排布，构成体背的不规则横纹。背鳞中央3—5行具弱棱。腹面淡黄色，散布黑点。

国内分布于云南。国外分布于印度尼西亚、马来西亚、缅甸、柬埔寨、泰国、老挝、越南。

① 体背具不规则的横纹 / 产地云南　　② 头背密布黑褐色点斑 / 产地云南
③ 颊鳞侧边平行于体轴 / 产地云南
④ 产地云南
⑤ 产地云南

喜山钝头蛇

Pareas monticola (Cantor, 1839)

· **Himalayan slug-eating snake**

　　小型无毒蛇。体修长，略侧扁。头较大，吻端钝圆，头、颈可区分。颌片3对，左右交错，不形成颌沟。尾末端尖细，具缠绕性。头背密布不规则黑斑。眼后具上下2条黑色细线纹：上条向后延伸，与枕背和颈背的黑斑共同构成不规则的"W"形斑；下条向后下方延伸到口缘。通身背面黄褐色，大多数背鳞密布细碎黑点；部分背鳞黑色，常并列排布，构成体背的不规则横纹。腹面黄白色，腹鳞外侧淡黄色，散布黑褐色点。

　　国内分布于西藏、云南。国外分布于印度。

① 头背密布不规则的黑斑，枕背和颈背具 "W" 形斑 / 产地西藏

② 产地西藏

③ 产地西藏

④ 产地西藏

⑤ 产地西藏

⑥ 颌片3对，左右交错，不形成颔沟 / 产地西藏

横纹钝头蛇

Pareas margaritophorus（Jan, 1866）

· White-spotted slug-eating snake

小型无毒蛇。头较大，吻端钝圆，头、颈可区分。颔片3对，左右交错，不形成颔沟。枕后具白色或橘色、边界相对清晰的或宽或窄的横纹，部分个体横纹断裂为2—3个斑块，个别个体横纹模糊。通身背面黑褐色或紫褐色，大多数背鳞密布细碎白点；无白点者黑白各半，常并列排布，构成体背的不规则横纹。腹面白色，两侧散布黑斑、黑点。背鳞平滑。

国内分布于广西、广东、海南、香港、贵州（存疑）。国外分布于泰国、马来西亚、越南、柬埔寨、老挝、缅甸、印度。

① 通身背面黑褐色 / 产地广西　　　　　　② 体背具黑白各半的背鳞，常并列排布 / 产地不详

③ 腹面白色，两侧散布黑斑、黑点 / 产地香港

④ 产地海南

⑤ 产地香港

横斑钝头蛇

Parcas macularius Theobald, 1868

• Mountain slug-eating snake

小型无毒蛇。头较大，吻端钝圆，头、颈可区分。颌片3对，左右交错，不形成颌沟。枕部具边界极不规则的灰白色横斑，个别个体横斑模糊。通身背面黑褐色或紫褐色，大多数背鳞密布细碎白点；无白点者黑白各半，常并列排布，构成体背的不规则横纹。腹面白色，散布大量黑斑。背鳞中央3—7行具弱棱。

国内分布于云南、贵州、广西、广东、海南。国外分布于缅甸、孟加拉国、印度、老挝、越南、泰国、马来西亚。

⑨ 产地云南

⑩ 产地云南

⑪ 产地云南

⑫ 产地云南

⑬ 产地云南

⑭ 颌片3对，左右交错，不形成颌沟 / 产地云南

⑮ 产地云南

⑯ 腹面白色，散布大量黑斑、黑点 / 产地云南

安氏钝头蛇

Parcas andersonii Boulenger, 1888

Anderson's slug-eating snake ·

　　小型无毒蛇。头较大，吻端钝圆，头、颈可区分。颌片3对，左右交错，不形成颌沟。枕部没有斑点。通身背面黑褐色或紫褐色，大多数背鳞密布细碎白点；无白点者黑白各半，常并列排布，构成体背的不规则横纹。腹面白色，散布近似方形的黑斑，部分排列成行。背鳞中央5—9行具弱棱。

　　国内分布于云南。国外分布于缅甸、印度。

① 枕部无斑，与身体同色 / 产地云南
② 产地云南

45

缅甸钝头蛇

Pareas hamptoni (Boulenger, 1905)

· Hampton's slug-eating snake

小型无毒蛇。体修长，略侧扁。头较大，吻端钝圆，头、颈可区分。颊片3对，左右交错，不形成颊沟。虹膜橘黄色或橘红色。背脊隆起，脊鳞扩大呈六边形。尾末端尖细，具缠绕性。头背密布黑褐色点斑。眼后具上下2条黑色细线纹：上条向后延伸，与枕部和颈背的黑斑共同构成不规则的"W"形斑，个别个体还向前延伸，在额鳞处汇合，形成近似心形的斑纹；下条自眼下角斜向口缘，再沿口缘延至口角。通身背面黄褐色，大多数背鳞密布黑褐色细碎点斑；部分背鳞黑褐色，常并列排布，构成体背的不规则横纹。腹面黄白色，散布多数深褐色细点，以腹鳞外侧为多，中央极稀少。

国内分布于云南、贵州、广东、广西、海南、湖南、江西。国外分布于缅甸、越南、老挝、泰国。

① 头背具不规则的"W"形斑 / 产地广东　　② 虹膜橘红色 / 产地广东
③ 产地广东
④ 产地广东

⑤ 产地广东

⑥ 产地海南

⑦ 产地海南

⑧ 产地海南

⑨ 脊鳞扩大呈六边形 / 产地海南

⑩ 虹膜橘黄色 / 产地海南

台湾钝头蛇

Parcas formosensis (Van Denburgh, 1909)

· 脊高蛇（台湾）
· Taiwan slug-eating snake

　　小型无毒蛇。体修长。头较大，吻端钝圆，头、颈可区分。颔片3对，左右交错，不形成颔沟。虹膜橘红色。尾末端尖细，具缠绕性。头背密布黑褐色点斑。眼后具上下2条黑色细线纹：上条向后延伸，与枕部和颈背的黑斑共同构成不甚规则的"W"形斑；下条自眼下角斜向口缘，再沿口缘延至口角。通身背面红褐色或棕褐色，大多数背鳞密布细碎黑点；部分背鳞黑褐色，常并列排布，构成体背的不规则横纹。背鳞平滑。腹面黄白色。

　　中国特有种。仅分布于台湾。

① 产地台湾　② 产地台湾

③ 产地台湾

④ 产地台湾

中国钝头蛇

Pareas chinensis (Barbour, 1912)

• Chinese slug-eating snake

小型无毒蛇。体修长。头较大，吻端钝圆，头、颈可区分。颔片3对，左右交错，不形成颔沟。尾末端尖细，具缠绕性。颊鳞不入眶，或仅以尖端入眶。头背密布黑褐色点斑。眼后具上下2条黑色细线纹：上条向后延伸，与枕部和颈背的黑斑共同构成不甚规则的"W"形斑；下条自眼下角斜向口缘，再沿口缘延至口角。通身背面红褐色或棕褐色，大多数背鳞密布黑褐色细碎点斑；部分背鳞黑褐色，常并列排布，构成体背的不规则横纹。腹面黄白色，散布黑褐色点斑。背鳞平滑或仅中央几行具弱棱。

中国特有种。分布于四川、贵州、云南、广西、广东、香港、福建、江西、浙江、江苏。

① 产地香港
② 产地香港
③ 产地浙江
④ 产地香港

53

福建钝头蛇

Parcas stanleyi (Boulenger, 1914)

· Stanley's slug-eating snake

小型无毒蛇。体修长，略侧扁。头较大，吻端钝圆，头、颈可区分。虹膜黄色。颌片3对，左右交错，不形成颌沟。没有眶前鳞，前额鳞入眶，颊鳞后端入眶，前颞鳞2枚。尾末端尖细，具缠绕性。头背具整块大黑斑，并从颈侧向后延伸，形成1对较宽"拖尾"，约占1个头长。眼后具1条黑色细线纹，向后延伸与"拖尾"相连。背面黄褐色，部分背鳞黑色，常并列排布，构成体背的不规则横纹。腹面黄白色，散布稀疏的黑褐色点斑。

中国特有种。分布于福建、浙江、江西、湖南、贵州、四川。

① 头背具整块大黑斑 / 产地贵州

平鳞钝头蛇

Pareas boulengeri (Angel, 1920)

黄狗蛇（贵州）·

Boulenger's slug-eating snake ·

　　小型无毒蛇。体修长，略侧扁。头较大，吻端钝圆，头、颈可区分。颌片3对，左右交错，不形成颌沟。没有眶前鳞，前额鳞入眶，颊鳞入眶甚多。头背密布黑色点斑。背脊隆起。尾末端尖细，具缠绕性。眼后具上下2条黑色细线纹：上条向后延伸，与枕部和颈背的黑斑共同构成不甚规则的"W"形斑；下条自眼下角斜向口角。通身背面灰褐色或棕褐色，大多数背鳞密布黑褐色细碎点斑；部分背鳞黑褐色，常并列排布，构成体背的不规则横纹。腹面黄白色，散布大量黑点。

　　中国特有种。分布于贵州、云南、四川、重庆、湖南、广西、广东、江西、福建、浙江、安徽、江苏、河南、陕西、甘肃。

① 产地贵州
② 产地贵州
③ 颊鳞入眶甚多 / 产地贵州
④ 产地贵州
⑤ 产地贵州

阿里山钝头蛇

Pareas komaii (Maki, 1931)

- 驹井氏钝头蛇（台湾）
- Arisan slug-eating snake

小型无毒蛇。体修长，略侧扁。头较大，吻端钝圆，与颈可区分。虹膜淡黄色。颊片3对，左右交错，不形成颊沟。尾末端尖细，具缠绕性。头背散布黑褐色点斑。眼后具上下2条黑色细线纹：上条向后延伸，与枕部和颈背的黑斑共同构成不甚规则的"W"形斑；下条自眼下角斜向口缘，再沿口缘延至口角。通身背面棕黄色，大多数背鳞密布黑褐色细碎点斑；部分背鳞黑褐色，常并列排布，构成体背的不规则横纹。中段背鳞中央9～13行具强棱。腹面黄白色，散布稀疏的黑点。

中国特有种。仅分布于台湾。

黑顶钝头蛇

Pareas nigriceps Guo and Deng, 2009

· Black-headed slug-eating snake

　　小型无毒蛇。体修长。头较大，吻端钝圆，与颈可区分。虹膜黑色。颌片3对，左右交错，不形成颌沟。尾末端尖细，具缠绕性。前颌鳞入眶，颊鳞不入眶，前颞鳞1枚。头背具1个椭圆形黑斑。头部两侧各具2个圆形黑斑：1个位于前颞鳞上（部分个体无此黑斑），1个位于最后1枚上唇鳞上。颈部具不规则黑色条带。通身背面黑褐色或棕褐色，背鳞密布黑色细碎点斑。约半数背鳞全黑，并列排布，构成体背的较规则横纹。中段背鳞中央9行具棱。腹面乳黄色，散布黑点。

　　中国特有种。仅分布于云南。

① 前额鳞入眶，颊鳞不入眶 / 产地云南　② 头背具1个椭圆形黑斑 / 产地云南

泰雅钝头蛇

Pareas atayal You, Poyarkov and Lin, 2015

• **Atayal slug-eating snake**

小型无毒蛇。体修长，略侧扁。头较大，吻端钝圆，与颈可区分。虹膜浅黄色或浅橙色。颔片3对，左右交错，不形成颔沟。尾末端尖细，具缠绕性。头背散布黑点。眼后具上下2条黑色细线纹：上条向后延伸，与枕部和颈背的黑斑共同构成不甚规则的"W"形斑；下条自眼下角斜向口缘，再沿口缘延至口角。通身背面棕黄色，大多数背鳞散布黑褐色细碎点斑。部分背鳞黑褐色，常并列排布，构成体背的不规则横纹。中段背鳞中央5—9行具棱（阿里山钝头蛇中段背鳞中央9—13行具强棱）。腹面淡黄色，散布多数深褐色细点。

中国特有种。仅分布于台湾。

① 产地台湾　　② 产地台湾
③ 产地台湾
④ 产地台湾
⑤ 产地台湾

勐腊钝头蛇

Pareas menglaensis Wang, Che, Liu, Li, Jin, Jiang, Shi and Guo, 2020

· Mengla snail-eating snake

小型无毒蛇。体修长，略侧扁。头大，吻端钝圆，头、颈区分明显。颊片3对，左右交错，不形成颊沟。尾末端尖细，具缠绕性。头背密布黑褐色点斑，额鳞侧边平行于体轴，前额鳞不入眶。眼后具上下2条黑色细线纹：上条向后延伸到颈背；下条明显或隐约可见，向后下方延伸到口缘。通身背面黄褐色，大多数背鳞密布细碎黑点；部分背鳞黑褐色，常并列排布，构成体背的不规则横纹。中段背鳞中央9—13行具棱（棱鳞钝头蛇背鳞中央3—5行具弱棱）。腹面淡黄色，散布黑点。

国内分布于云南。

① 正模活体／产地云南
② 产地云南

66

蒙自钝头蛇

Pareas mengziensis Wang, Che, Liu, Li, Jin, Jiang, Shi and Guo, 2020

Mengzi snail-eating snake ·

小型无毒蛇。体修长。头较大，吻端钝圆，头、颈可区分。虹膜棕褐色。颌片3对，左右交错，不形成颌沟。躯干略侧扁。尾末端尖细，具缠绕性。前额鳞入眶，颊鳞不入眶，前颞鳞2枚（黑顶钝头蛇前颞鳞1枚）。头背具1个椭圆形黑斑，头部两侧各具2个圆形黑斑：1个位于前颞鳞上（部分个体无此黑斑），1个位于最后1枚上唇鳞上。通身背面棕褐色，背鳞散布黑色细碎点斑；约半数背鳞黑色，并列排布，构成体背的较规则横纹。中段背鳞中央3—7行具棱。腹面黄白色，散布稀疏的黑点。

国内分布于云南。

① 产地云南
② 产地云南

蝰科 Viperidae /
白头蝰属 *Azemiops* Boulenger, 1888

黑头蝰

Azemiops feae Boulenger, 1888

· **Black-headed feaviper**

中小型管牙类毒蛇。头略扁，呈三角形。头背黑色，中央具细窄的橘黄色或白色纵纹，从前额鳞处至颈部。头侧橘黄色或白色，眼后具黑色眉纹，眼下上唇鳞具黑褐色斑纹（或不显）。体、尾背面黑色或黑褐色，略具金属光泽，具十余条橘黄色或橘红色窄横纹，彼此交错排列，部分在背中央处相接。腹面灰黑色。

国内分布于云南、四川、西藏。国外分布于缅甸、越南。

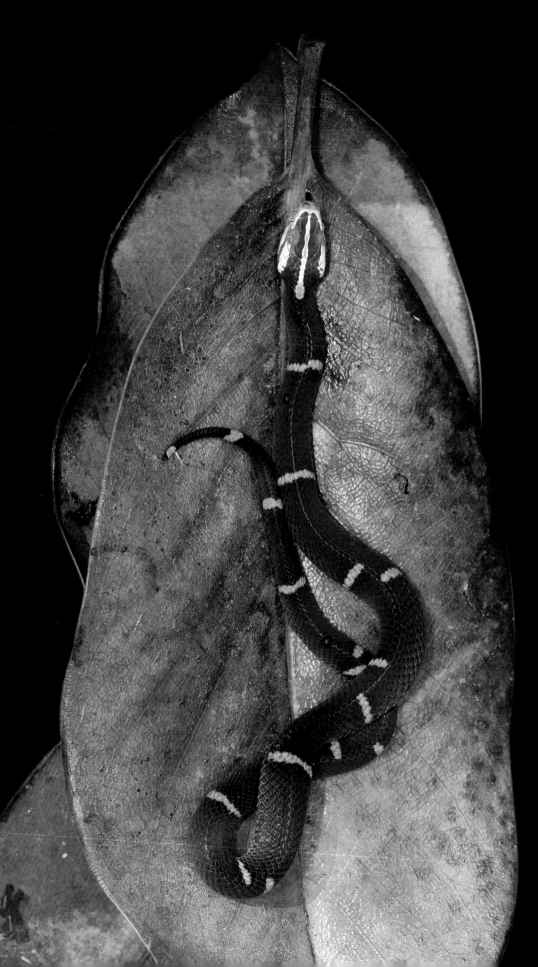

1

① 幼体 / 产地云南　　　　　② 产地云南

③ 产地云南

④ 图左腹部灰白的是白头蝰，图右腹部灰黑的是黑头蝰 / 产地云南

⑤ 头腹面 / 产地云南

⑥ 头背面 / 产地云南

⑦ 吃乳鼠 / 产地云南

⑧ 产地云南

1

白头蝰

Azemiops kharini Orlov, Ryabov and Nguyen, 2013

• White-headed feaviper

中小型管牙类毒蛇。头略扁，呈三角形。头背白色或浅橘黄色，具左右略对称的2条不规则褐色纵纹，从前额鳞处至颈部。头侧橘黄色或白色，眼后具褐色眉纹，眼下上唇鳞亦具褐色斑纹（或不显）。体、尾背面黑色或紫黑色，略具金属光泽，具十余条橘黄色或橘红色窄横纹，彼此交错排列，部分在背中央处相接。幼年和中等体型的个体，头背具明亮的白色，随着年龄的增长，会变成橘黄色，年龄越大，颜色越明显。腹面灰白色。

国内分布于云南、贵州、重庆、四川、甘肃、陕西、湖北、湖南、安徽、浙江、江西、福建、广东、广西。国外分布于越南。

① 头背浅橘黄色 / 产地广东 　② 产地浙江
③ 产地广东
④ 产地广东
⑤ 产地不详
⑥ 产地四川

⑦ 幼体头更白 / 产地广东　⑩ 产地广东

⑧ 产地广东　⑪ 产地广东

⑨ 腹面灰白色 / 产地江西　⑫ 产地广东

圆斑蝰属 *Daboia* Gray, 1842

泰国圆斑蝰

Daboia siamensis (Smith, 1917)

• 暹罗蝰、金钱豹（广东、广西），
百步金钱豹、黑纹蝰蛇（广东），金
钱斑（广西），古钱窗（福建），锁
链蛇（台湾）

• **Eastern russel's viper**

中型管牙类毒蛇。头较大，略呈三角形，与颈区
分明显。体粗壮，尾短，背鳞具强棱。通身背面灰褐
色、棕褐色。头背密布小鳞，具3个深色斑，呈"品"
字形排列。体背具3行深色大圆斑，脊部一行30个左
右，较大，与两侧圆斑交错排列。圆斑周缘色黑并镶
以浅色细边。通身腹面灰白色，头腹大多数鳞片后缘
处具小黑斑，腹面散布略呈半圆形的灰褐色小斑。有
的个体尾腹中央具小黑斑连缀而成的黑纵纹。

国内分布于云南、广西、广东、湖南、福建、台
湾。国外分布于泰国、缅甸、柬埔寨、印度尼西亚。

① 头背具3个呈"品"字形排列的深色斑 / 产地不详　　② 体背具3行深色大圆斑 / 产地不详
③ 腹面散布略呈半圆形的灰褐色小斑 / 产地不详
④ 产地不详
⑤ 产地不详

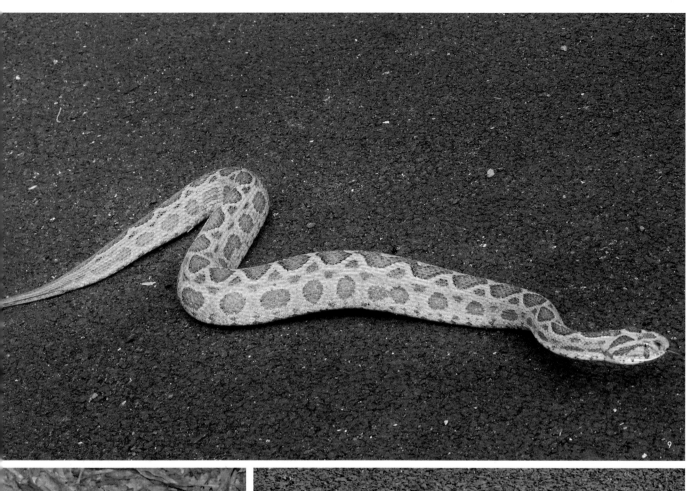

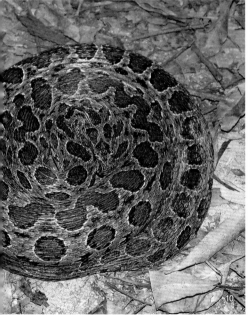

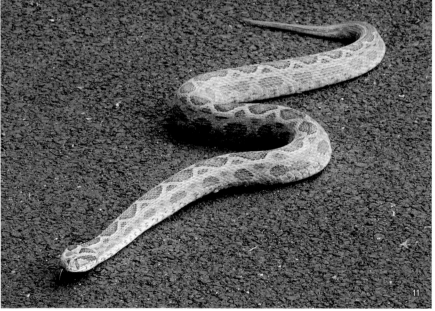

⑨ 棕褐色个体 / 产地不详
⑩ 产地广东
⑪ 产地不详

尖吻蝮

Deinagkistrodon acutus (Günther, 1888)

• 蕲蛇（安徽、浙江、江西、湖南），白花蛇（浙江、江西、湖南），翻身花（湖南、江西），犁头匠（贵州），岩蛟、岩头斑（重庆），五步龙（安徽、江西），五步蛇（安徽、浙江），百步蛇（广西、湖南、江西、台湾），聋婆蛇（广西），瞎子蛇（江西），棋盘蛇（福建、江西、浙江），棋盘格（湖南、江西），盘蛇（湖南、江西），袈裟蛇（闽北），放丝蛇（浙江），吊灯（等）扑（浙江），褰鼻蛇（湖南、江西、浙江），翘鼻蛇（贵州雷山），懒蛇、懒婆娘（江西），三天两大病（湖南、江西），五棒蛇（湖南）

• Sharp-snouted pitviper, Hundred-pace viper, Five-pace pitviper

---

　　头侧具颊窝的中大型管牙类毒蛇。头大，呈三角形，与颈区分明显，吻尖上翘（因此得名）。体粗壮，尾短且较细。头背黑褐色，九块大鳞前置，对称排列。体、尾背面灰褐色或棕褐色，身体两侧具纵列黑褐色的三角形大斑，底边与体轴平行，两腰线清晰，中间色浅。三角形顶角常在脊部相接，从正上方俯视，可见浅色区域呈现菱形；亦有顶角不相接而交错排列者，则浅色区域不呈菱形。腹侧具一纵列圆形黑斑，位于三角形大斑下方，约等距排列。腹面白色，有交错排列的灰褐色斑。幼体色浅，且常偏红色。

　　国内分布于江西、安徽、浙江、湖北、湖南、福建、台湾、广东、广西、贵州、云南、重庆。国外分布于越南北部、老挝。

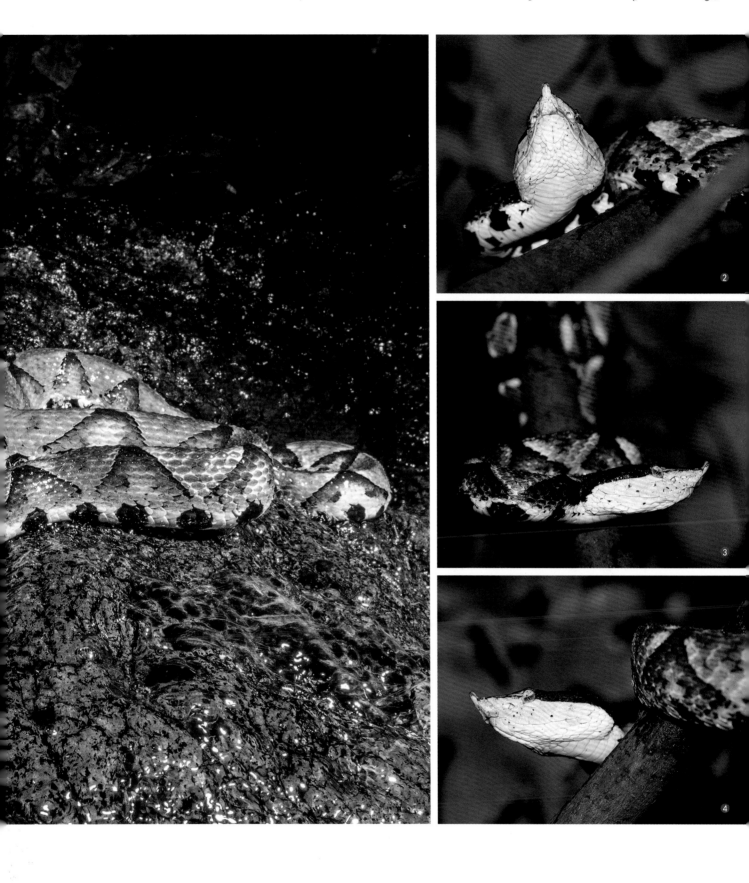

① 吻尖上翘，舌伸出 / 产地浙江　　② 延长的吻鳞，吻侧具2个颊窝 / 产地安徽

③ 头侧色浅，散布黑点 / 产地安徽

④ 产地安徽

⑤ 常常上树 / 产地安徽
⑥ 体腹白色，具交错排列的灰褐色斑 / 产地安徽
⑦ 尾腹中央具灰褐色纵纹 / 产地安徽

⑧ 体色偏黑的成年个体 / 产地广东
⑨ 鼠被吞了一半 / 产地安徽
⑩ 锋利的长毒牙 / 产地安徽
⑪ 半阴茎 / 产地安徽
⑫ 亚成体 / 产地浙江

13

14

15

⑬ 产地浙江　　　　⑯ 卵正从泄殖孔产出 / 产地安徽

⑭ 产地广东　　　　⑰ 蛇头伸出卵壳 / 产地安徽

⑮ 产地台湾　　　　⑱ 幼蛇破壳而出 / 产地安徽

　　　　　　　　　⑲ 初生幼体 / 产地安徽

　　　　　　　　　⑳ 幼体 / 产地安徽

亚洲蝮属 *Gloydius* Hoge and Romano-Hoge, 1981

哈里斯蝮

Gloydius halys (Pallas, 1776)

- 西伯利亚蝮
- Halys pitviper

[依据中国分布的哈里斯蝮描述]头侧具颊窝的中小型管牙类毒蛇。体略粗，尾较短。头略呈三角形，与颈区分明显。头背大鳞前置，约占头背面积的一半。头背具左右对称的黑褐色斑，略呈"八"字形，不同个体斑的形状差异较大。枕部具"（ ）"形斑。眼后具1条黑褐色或深棕色眉纹，比眼径稍宽，眉纹上下缘镶白边。上、下唇及头腹白色，散布深色碎斑。通身背面灰色、浅棕色或橄榄绿色，体背两侧各具1行中间色浅的不规则深色斑块，斑块常在脊部相融，形成深浅相间的横斑。体侧近腹面具不规则小黑斑。腹面灰白色，密布黑褐色点斑，中后段更密。哈里斯蝮广泛分布于中亚及其周边区域，有若干亚种分化，目前认为分布于中国的是指名亚种。

国内分布于新疆、内蒙古、黑龙江、辽宁。国外分布于俄罗斯、蒙古、哈萨克斯坦、乌兹别克斯坦、塔吉克斯坦、吉尔吉斯斯坦、阿富汗、土库曼斯坦。

① 眼后具黑褐色粗眉纹，上下缘镶白边 / 产地内蒙古

② 产地黑龙江

③ 产地黑龙江

④ 枕部具"（ ）"形斑 / 产地黑龙江

⑤ 产地不详

⑥ 腹面密布黑褐色点斑，中后段更密 / 产地不详

⑦ 产地不详

⑧ 产地不详

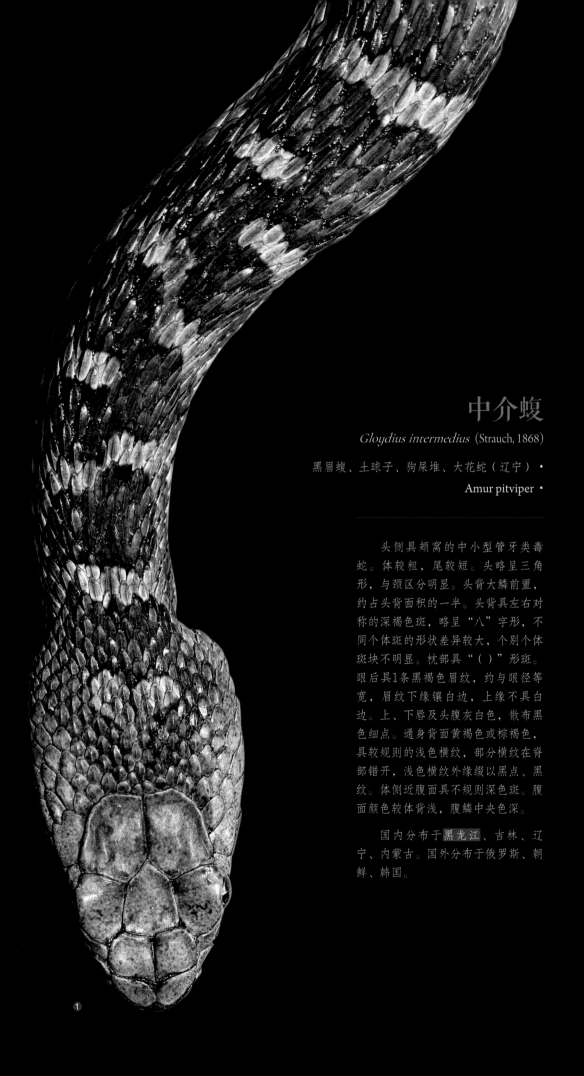

中介蝮

Gloydius intermedius (Strauch, 1868)

黑眉蝮、土球子、狗屎堆、大花蛇（辽宁）·

Amur pitviper ·

头侧具颊窝的中小型管牙类毒蛇。体较粗，尾较短。头略呈三角形，与颈区分明显。头背大鳞前置，约占头背面积的一半。头背具左右对称的深褐色斑，略呈"八"字形，不同个体斑的形状差异较大，个别个体斑块不明显。枕部具"( )"形斑。眼后具1条黑褐色眉纹，约与眼径等宽，眉纹下缘镶白边，上缘不具白边。上、下唇及头腹灰白色，散布黑色细点。通身背面黄褐色或棕褐色，具较规则的浅色横纹，部分横纹在脊部错开，浅色横纹外缘缀以黑点、黑纹。体侧近腹面具不规则深色斑。腹面颜色较体背浅，腹鳞中央色深。

国内分布于黑龙江、吉林、辽宁、内蒙古。国外分布于俄罗斯、朝鲜、韩国。

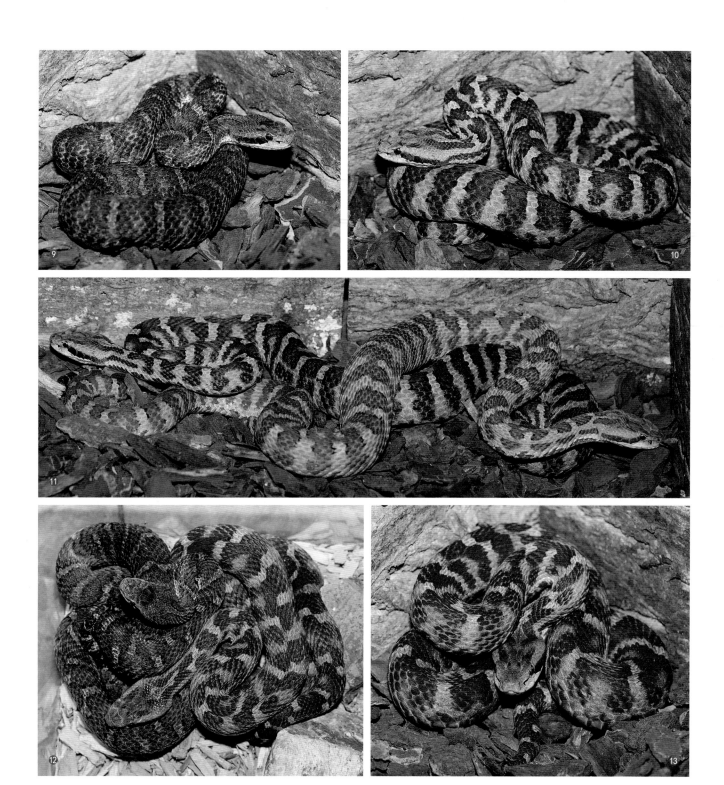

短尾蝮

Gloydius brevicaudus (Stejneger, 1907)

• 土球子、花长虫、驴咒根子（辽宁），七寸子（长江以北），土夫蛇（四川），土龙子（湖北梁子湖），土寸子、土虺蛇、狗阿蚁、烂肚蚁（湖南），反鼻蛇、地扁蛇、白花七步倒（江苏），虺蛇（江苏、上海），七寸毒、土巴蛇、土公蛇（安徽），土地跑、烂肚蛇、麻七寸（江西），狗屎蚁、狗屎塔、狗阿扑、草上飞、烂塔蛇、灰链鞭、得地灰扑（浙江）

• Short-tailed pitviper

头侧具颊窝的中小型管牙类毒蛇。体略粗，尾短。头略呈三角形，与颈区分明显。头背大鳞前置，约占头背面积的一半。头背具左右对称的深色斑，略呈"八"字形。枕部具"（）"形斑。头侧具1条黑色或黑褐色眉纹，上、下缘镶白边，比眼径稍宽，始自颊窝，贯穿眼睛，直达颈部。头腹前部具1对黑色或肉红色长形斑，位于颔片和下唇鳞之间。通身背面黄褐色、灰褐色、黑褐色或肉红色。身体两侧各具1行大圆斑，圆斑边缘色深，中间色浅，近腹侧常不闭合，形似马蹄。圆斑在脊部交错或并列，少数融合。体侧近腹面具不规则深色斑，略呈星状。腹面灰白色，密布黑褐色、灰褐色或肉红色点斑，中后段更密，甚至全黑。尾腹后段黄色，尖端常黑。

国内分布于辽宁、河北、北京、天津、山西、山东、河南、陕西、甘肃、四川、重庆、云南、贵州、湖北、湖南、安徽、江西、江苏、上海、浙江、福建、台湾。国外分布于韩国、朝鲜。

① 分叉的舌 / 产地浙江　　②体、尾背面具成对较规则的圆斑 / 产地安徽

③ 粗大黑眉上、下缘皆镶白边 / 产地安徽

④ 产地安徽

⑤ 产地辽宁

⑥ 攻击姿态 / 产地安徽

⑦ 体色较深，圆斑不显 / 产地安徽

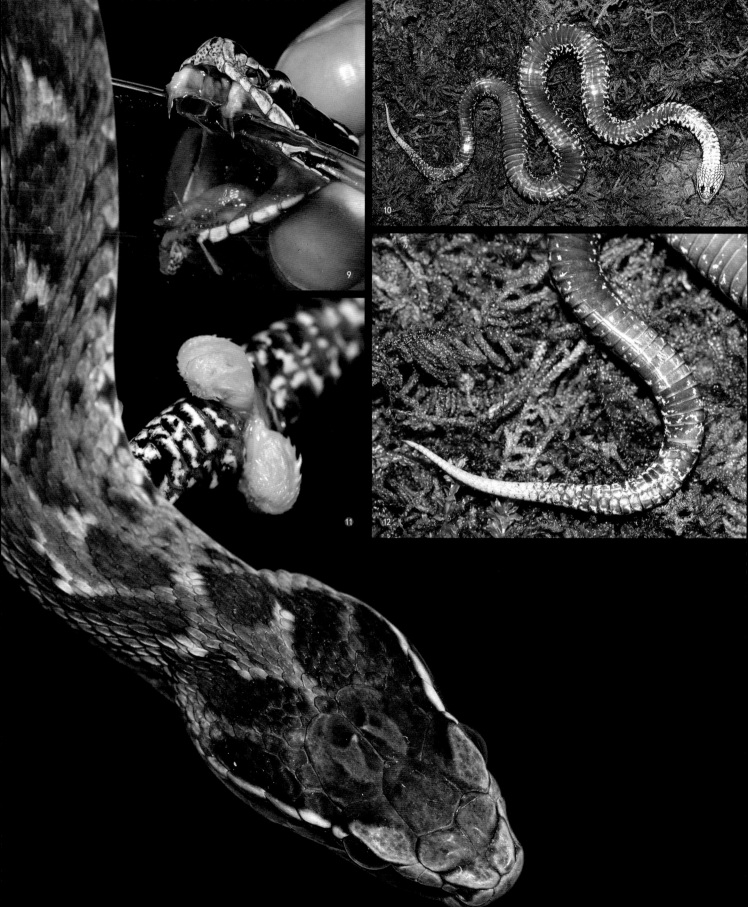

9

10

11

12

⑧ 头背大鳞前置，约占头背面积的一半 / 产地安徽

⑨ 毒牙 / 产地安徽

⑩ 颊片外侧的1对深色长形斑是短尾蝮的识别特征 / 产地安徽

⑪ 外翻的半阴茎 / 产地安徽

⑫ 尾腹后段色浅无斑 / 产地安徽

⑬ 腹面斑点与背面同色系，前段斑点较少 / 产地安徽

⑭ 肉红色个体 / 产地安徽

⑮ 产地安徽

⑯ 产地安徽

⑰ 取毒液 / 产地安徽

⑱ 产地安徽

高原蝮

Gloydius strauchi (Bedriaga, 1912)

· Strauch's pitviper

　　头侧具颊窝的中小型管牙类毒蛇。体略粗，尾较短。头略呈三角形，与颈区分明显。头背大鳞前置，约占头背面积的一半。头背具左右对称的黑褐色斑，略呈"八"字形，不同个体斑块形状差异较大。枕部具"（ ）"形斑。眼后具1条较宽的黑褐色或深棕色眉纹，比眼径稍宽，上下缘镶黑色边。上、下唇及头腹灰白色，具棕褐色斑点。通身背面灰褐色或棕褐色，具不规则的深色斑纹，有的略呈4纵行，锯齿状排列；有的在脊部相融，略呈横斑。体侧近腹面具不规则小黑斑。体、尾腹面灰白色，密布深墨绿色或黑褐色斑点。尾腹斑点较少，尾尖黑色。

　　中国特有种。仅分布于四川。

① 体色偏棕褐色个体 / 产地四川
② 产地四川
③ 产地四川
④ 产地四川
⑤ 产地四川
⑥ 腹面密布黑褐色斑点 / 产地四川

⑩ 产地四川
⑪ 眉纹上下缘镶黑色边 / 产地四川
⑫ 产地四川

雪山蝮

Gloydius monticola (Werner, 1922)

· Likiang pitviper

　　头侧具颊窝的中小型管牙类毒蛇。体略粗，尾较短。头略呈三角形，与颈区分明显。头背大鳞前置，约占头背面积的一半。头背具左右对称的黑褐色斑，略呈"八"字形，不同个体斑块形状差异较大。枕部具"（）"形斑。眼后具1条较宽的黑褐色或深棕色眉纹，比眼径稍宽，下缘镶黑色细纹。上、下唇及头腹棕黄色或棕色，零星散布不规则的深棕色碎点。通身背面浅棕色、绿褐色或黑褐色，具深色斑纹，有的略呈4纵行，锯齿状排列，脊部两侧的斑纹常在脊线处靠近但不相接，在脊线处形成1条不规则的浅色纵纹。体侧近腹面具不规则的黑斑。腹面棕黄色，密布黑褐色碎斑，后段更密。

　　中国特有种。仅分布于云南。

① 快要蜕皮了，眼已泛白色，斑纹不显 / 产地云南　　② 脊部两侧深色斑向中央靠近但不相连 / 产地云南

③ 产地云南

④ 产地云南

⑤ 产地云南

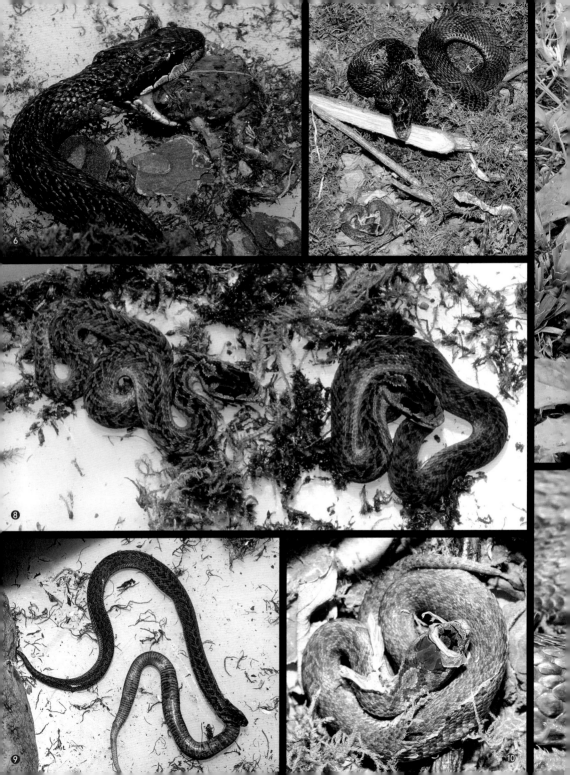

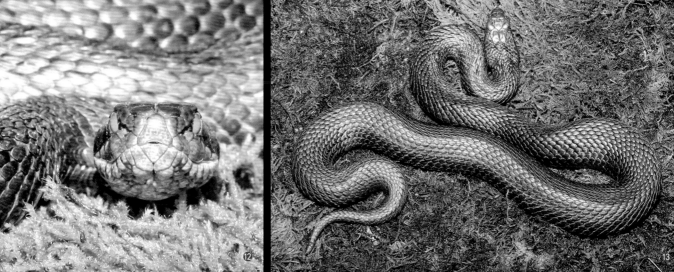

乌苏里蝮

Gloydius ussuriensis (Emelianov, 1929)

- 白眉蝮、七寸子、土公蛇、土球子、烟袋油子、狗屎堆（辽宁）
- Ussuri pitviper

头侧具颊窝的中小型管牙类毒蛇。体略粗，尾较短。头略呈三角形，与颈区分明显。头背大鳞前置，约占头背面积的一半。一对深色竖纹（即王氏纹。王氏纹是乌苏里蝮的主要识别特征，由王益中和王卓一提出，故以他们的姓氏命名该纹。）位于吻端两侧，覆盖鼻孔，直达上唇缘。头背具左右对称的深色斑，略呈"八"字形。枕部具"（）"形斑。头侧具1条黑色或黑褐色眉纹，上、下缘镶白色或黄白色边，比眼径稍宽，始自颊窝，贯穿眼睛，直达颈部。通身背面黄褐色、灰褐色、黑褐色或肉红色。身体两侧各具1行大圆斑，圆斑边缘色深，中间色浅，近腹侧常不闭合，形似马蹄。圆斑在脊部交错或并列，少数融合。体侧近腹面具不规则的深色斑，略呈星状。腹面灰白色或肉红色，密布黑褐色或灰褐色点斑，中后段更密，甚至全黑。

国内分布于黑龙江、吉林、辽宁。国外分布于俄罗斯、朝鲜和韩国。

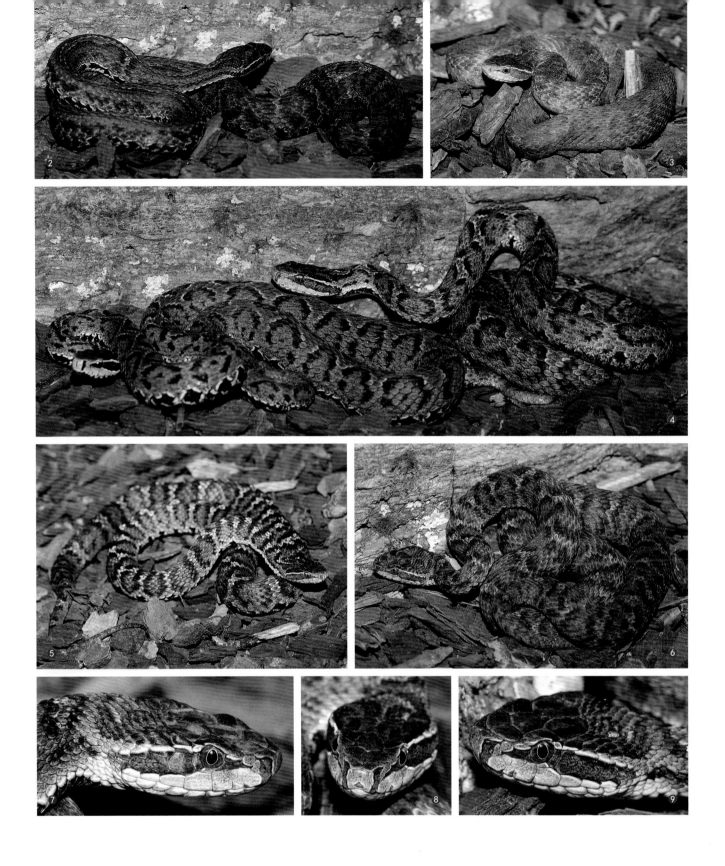

① 头背大鳞前置 / 产地吉林　② 产地吉林

③ 产地吉林

④ 产地吉林

⑤ 产地吉林

⑥ 产地吉林

⑦ 眉纹上下缘镶细白边 / 产地吉林

⑧ 王氏纹清晰可见 / 产地吉林

⑨ 产地吉林

华北蝮

Gloydius stejnegeri (Rendahl, 1933)

· Gobi pitviper

头侧具颊窝的中小型管牙类毒蛇。体较粗，尾较短，体型较本属其他种大。头略呈三角形，与颈区分明显。头背大鳞前置，约占头背面积的一半。头背具左右对称的深色斑，略呈"八"字形，不同个体斑块形状差异较大。枕部具"（ ）"形斑。眼后具黑褐色眉纹，比眼径略宽。上、下唇及头腹浅黄色或灰白色，散布棕褐色细点。通身背面黄褐色或灰褐色。身体两侧各具一行大圆斑，圆斑边缘色深，中间色浅，近腹侧常不闭合。圆斑常在脊部融合，少数交错，使背面显现相间排列的浅色横纹和深色横斑。体侧近腹面具不规则的深色斑，略呈星状。

国内分布于河北、北京、山西、陕西、内蒙古。国外分布于蒙古。

① 产地北京
② 体背浅色横纹约等距排列 / 产地北京

106

　　头侧具颊窝的中小型管牙类毒蛇。体较细，尾较短，体型较本属其他种细小。头略呈三角形，与颈区分明显。头背大鳞前置，约占头背面积的一半。头背具左右对称的深褐色斑，略呈"八"字形，不同个体斑块形状差异较大。枕部具"( )"形斑。眼后具1条较宽的黑色或黑褐色眉纹，与眼径约等宽，眉纹上、下缘镶白边。上、下唇及头腹黄白色，鳞缘色深，散布黑褐点。通身背面沙黄色或灰褐色。体背具较规则的浅色横纹，部分横纹在脊部错开。体侧近腹面具不规则的深色斑。体、尾腹面黄白色，密布褐色斑点。

　　国内分布于甘肃、宁夏、青海、新疆、内蒙古。国外分布于蒙古。

阿拉善蝮

Gloydius cognatus (Gloyd, 1977)

七寸子（甘肃），七寸蛇、麻七寸（青海）·

Alashan pitviper ·

① 产地新疆

1

② 产地新疆

③ 产地新疆

⑪ 不同产地体色有差异 / 产地新疆　　⑭ 阿拉善蝰的生境 / 产地新疆

⑫ 产地新疆

⑬ 产地新疆

蛇岛蝮

Gloydius shedaoensis (Zhao, 1979)

- 贴树皮（辽宁）
- Snake island pitviper

头侧具颊窝的中小型管牙类毒蛇。体略粗，尾较短。头略呈三角形，与颈区分明显。头背大鳞前置，约占头背面积的一半。头背具左右对称的深色斑，略呈"八"字形，不同个体形状差异较大。枕部具"（）"形斑。眼后到口角具黑色眉纹，宽度约为眼径一半，下缘镶以极细的白边。上、下唇及头腹灰白色，散布深色点。通身背面树皮灰色。体背两侧各具1行中间色浅的深色斑块，斑块常在脊部相融，形成深浅相间的横斑。体侧近腹面具不规则的深色斑点。腹面浅灰色，密布深色细点。

中国特有种。仅分布于辽宁。

① 产地辽宁　　② 通身背面树皮灰色 / 产地辽宁

③ 头右侧，眉纹较细跨眼球下半部 / 产地辽宁

④ 产地辽宁

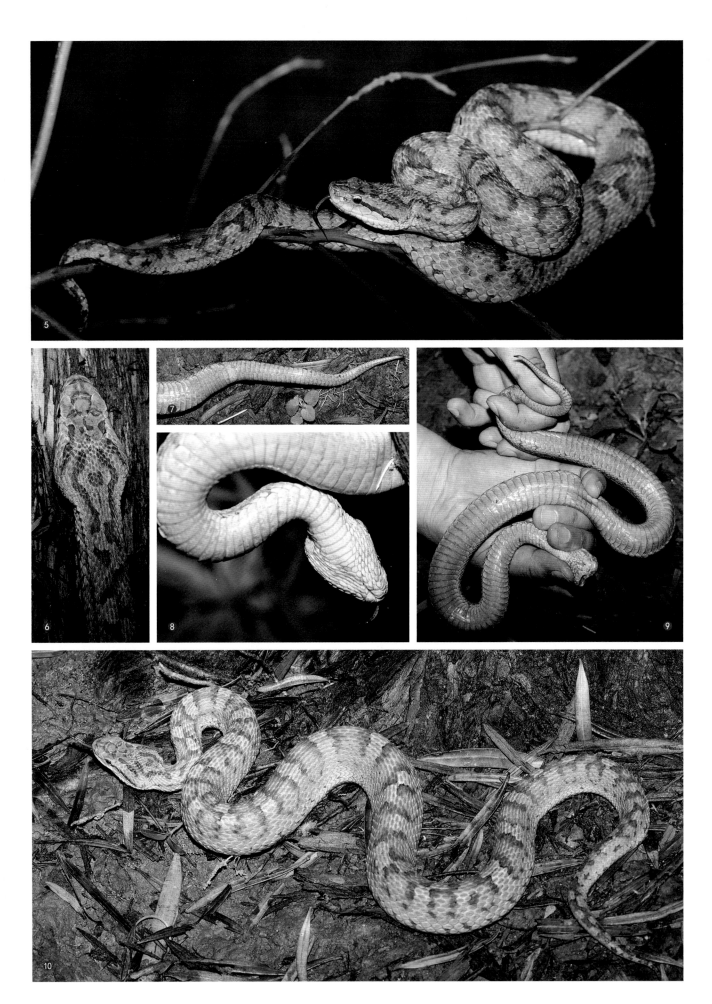

秦岭蝮

Gloydius qinlingensis (Song and Chen, 1985)

Qinling pitviper ·

头侧具颊窝的中小型管牙类毒蛇。体略粗，尾较短。头略呈三角形，与颈区分明显。头背大鳞前置，约占头背面积的一半。头背具左右对称的深褐色斑，略呈倒"V"形斑，枕部具"（ ）"形斑。头侧具1条深褐色眉纹，比眼径稍宽，上、下缘镶白色或黄白色边，始自颊窝，贯穿眼睛，直达颈部。上唇色浅具褐色点斑，下唇色深，唇缘具白色斑。通身背面浅棕色或黄色，具不规则的深色横斑。体侧近腹面具1条白色纵纹。体、尾腹面黑褐色，具黄白色碎点。

中国特有种。仅分布于陕西。

① 产地陕西
② 体侧近腹面具1条白色纵纹 / 产地陕西
③ 产地陕西

六盘山蝮

Gloydius liupanensis Liu, Song and Luo, 1989

• Liupanshan pitviper

　　头侧具颊窝的中小型管牙类毒蛇。体略粗，尾较短。头略呈三角形，与颈区分明显。头背大鳞前置，约占头背面积的一半。头背具左右对称的褐色斑，略呈倒"V"形斑，枕部具"( )"形斑。头侧具1条褐色眉纹，比眼径稍宽，上、下缘镶白色或黄白色边，始自颊窝，贯穿眼睛，直达颈部。上、下唇及头腹色浅，具棕色细点，下唇鳞缘具白色斑。通身背面浅棕褐色，具不规则的深色横斑。体侧近腹面具1条白色纵纹。体、尾腹面黑褐色，具黄白色碎点。

　　中国特有种。分布于宁夏、甘肃。

① 腹侧色深 / 产地宁夏 　　② 体侧近腹面具1条浅色纵纹 / 产地宁夏
③ 下唇鳞中间色白，似牛奶从口中溢出滴落 / 产地宁夏
④ 产地宁夏
⑤ 产地宁夏

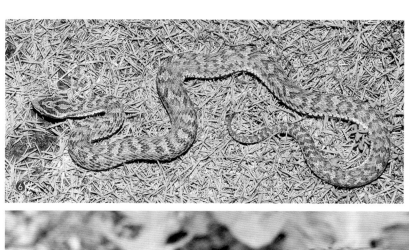

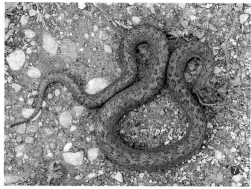

⑥ 产地宁夏

⑦ 产地甘肃

⑧ 产地甘肃

⑨ 吃乳鼠 / 产地宁夏

⑩ 吃蛙 / 产地宁夏

庙岛蝮

Gloydius lijianlii Jiang and Zhao, 2009

长岛蝮（山东）·
Miaodao island pitviper ·

　　头侧具颊窝的中小型管牙类毒蛇。体较粗，尾较短。头略呈三角形，与颈区分明显。头背大鳞前置，约占头背面积的一半。头背具左右对称的深褐色斑，略呈"八"字形，不同个体斑块形状差异较大。枕部具"（）"形斑。眼后具1条较宽的黑色眉纹，约与眼径等宽，眉纹下缘镶白边。上、下唇及头腹灰白色，散布深色细点。通身背面树皮灰色或灰褐色，体背两侧各具1行中间色浅的深色圆斑，近腹侧常不闭合。圆斑常在脊部相融，形成相间排列的深色横斑和浅色横纹。体侧近腹面具不规则的深色斑，略呈星状。体、尾腹面颜色较背面浅，密布灰色斑点，尾腹颜色较深。

　　中国特有种。分布于山东、江苏。

① 眉纹下缘镶白边 / 产地山东

② 通身背面树皮灰色 / 产地山东　　⑤ 产地山东

③ 产地山东　　　　　　　　　　　⑥ 幼体 / 产地山东

④ 产地山东　　　　　　　　　　　⑦ 眉纹跨眼球下半部 / 产地山东

红斑高山蝮

Gloydius rubromaculatus Shi, Li and Liu, 2017

· Red-spotted alpine pitviper, Tongtianhe pitviper

头侧具颊窝的中小型管牙类毒蛇。体略粗，尾较短。头较圆润，头、颈区分明显。头背大鳞前置，约占头背面积的一半。上、下唇及头腹灰白色，散布黑褐色斑点。眼后具橘红色、橘黄色或褐色眉纹，上、下缘镶黑边，在头后部弯向头背，与头背深色斑相连，形成中间色浅的椭圆形斑。通身背面灰黄色，具2列橘红色、橘黄色或褐色大斑，有的在脊部相接。体侧近腹面具不规则的黑斑。体、尾腹面灰白色，密布大小不一的黑色斑。

中国特有种。分布于青海、四川、西藏。

① 橘红色眉纹／产地青海　　④ 产地青海
② 产地青海　　　　　　　　⑤ 橘红色眉纹与头背深色斑相连，形成椭圆形斑／产地青海
③ 产地青海　　　　　　　　⑥ 产地青海
　　　　　　　　　　　　　　⑦ 产地青海
　　　　　　　　　　　　　　⑧ 产地青海

若尔盖蝮

Gloydius angusticeps Shi, Yang, Huang, Orlov and Li, 2018

• Zoige pitviper

头侧具颊窝的中小型管牙类毒蛇。体略粗，尾较短。头略呈三角形，较窄长，与颈区分明显。头背大鳞前置，约占头背面积的一半。头背具左右对称的深色斑，略呈"八"字形，不同个体斑的形状差异较大。枕部具"（）"形斑。眼后具1条褐色眉纹，与眼径约等宽。上、下唇及头腹灰白色，散布深色细点。通身背面灰褐色，具较粗的深色斑纹，有的略呈4纵行，锯齿状排列；有的在脊部相融，略呈横

① 产地四川　　② 产地四川
③ 产地四川
④ 产地四川
⑤ 产地四川

⑥ 产地四川
⑦ 产地四川
⑧ 产地四川
⑨ 产地四川
⑩ 产地四川
⑪ 产地四川

澜沧蝮

Gloydius huangi Wang, Ren, Dong, Jiang, Siler and Che, 2019

· Lancang plateau pitviper

　　头侧具颊窝的中小型管牙类毒蛇。体较粗，尾较短。头部卵圆形较宽钝，与颈区分明显。头背大鳞前置，约占头背面积的一半。头背具1对左右对称的黑色粗纵斑，有的个体不明显。枕部具黑色"（ ）"形斑，多数个体"（ ）"下部相连，形成开口朝前的"C"形斑。眼后具1条棕黑色眉纹，较眼径稍宽。上、下唇及头腹浅棕色。通身背面浅棕色，具不规则的镶黑边的深色宽横斑。腹面灰白色略偏黄，体腹中央具不规则的黑色碎斑或细点，尾腹无斑或具黑色细点。

　　中国特有种。仅分布于西藏。

　　① 正模活体／产地西藏

② 枕背具开口朝前的 "C" 形
③ 正模活体 / 产地西藏
④ 产地西藏

② 枕背具开口朝前的 "C" 形
③ 正模活体 / 产地西藏
④ 产地西藏

烙铁头蛇属 *Ovophis* Burger, 1981

山烙铁头蛇

Ovophis monticola (Günther, 1864)

· 恶乌子、笋壳斑（四川）

· Mountain pitviper, Blotched pitviper

头侧具颊窝的中小型管牙类毒蛇。头呈三角形，与颈区分明显。体较粗短，尾较短。头背密布小鳞，呈覆瓦状排列。头背黑褐色，眼后具上浅下黑2条斑纹，向后延伸到颈侧，有的个体浅色斑纹还经眼前延伸到吻端。头腹浅褐色，散布深棕色细点。体、尾背面棕褐色，正背具2行略呈方形的深棕色或黑褐色大斑，常左右交错排列，有时左右或前后相连。体侧具若干不规则的深棕色或黑褐色小斑块。尾梢棕黄色。体、尾腹面密布大多略呈方形的棕褐色小斑块。

国内分布于西藏、云南、四川。国外分布于尼泊尔、孟加拉国、印度、缅甸。

① 吻侧各具1个颊窝 / 产地云南　　② 产地云南

③ 头背密布小鳞 / 产地云南

④ 产地云南

⑤ 产地云南

⑥ 产地云南

⑦ 产地云南

⑧ 正背具2行略呈方形的深色大斑 / 产地云南　　⑩ 产地云南

⑨ 产地西藏　　⑪ 产地西藏

　　　　　　　　　　　　　　　　　　⑫ 产地云南

　　　　　　　　　　　　　　　　　　⑬ 幼体背面 / 产地云南

　　　　　　　　　　　　　　　　　　⑭ 幼体尾腹 / 产地云南

台湾烙铁头蛇

Ovophis makazayazaya (Takahashi, 1922)

- 玛家山龟壳花（台湾）
- **Taiwan mountain pitviper**

　　头侧具颊窝的中小型管牙类毒蛇。头呈三角形，与颈区分明显。体较粗短，尾较短。头被小鳞，呈覆瓦状排列。头背橘红色。体、尾背面黑灰杂陈，具20余道橘红色横斑，占2—3枚背鳞宽，有的横斑在脊部错开。尾背散布若干白色点斑。腹面污白色，散布深色点斑、块斑。

　　国内分布于台湾、福建、广东、香港、广西、贵州、四川、重庆、湖南、湖北、江西、浙江、安徽、河南、陕西、甘肃。国外分布于越南。

① 产地浙江　　② 头被小鳞，橘红色 / 产地浙江
③ 橘红色横斑，有的左右相连，有的交错排列 / 产地浙江
④ 产地浙江
⑤ 产地浙江
⑥ 产地浙江

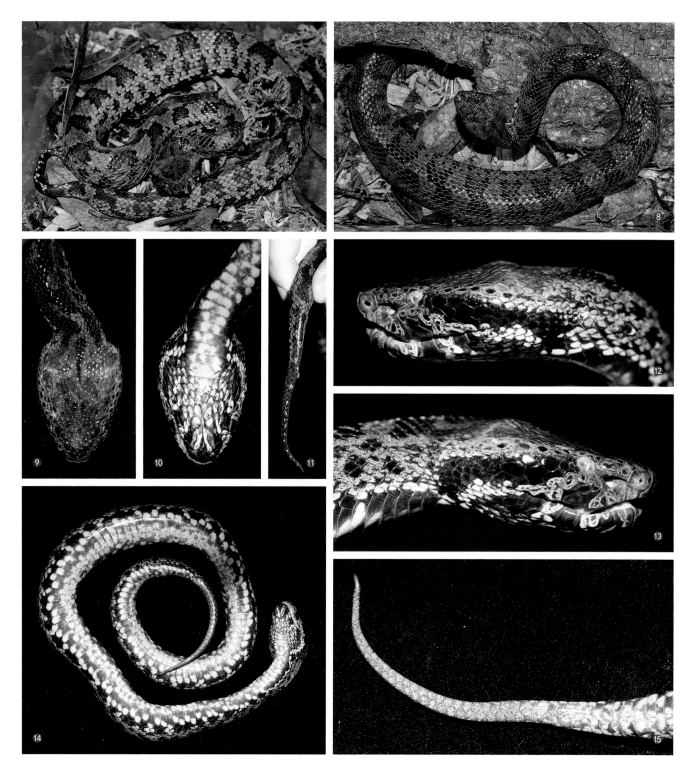

越南烙铁头蛇

Ovophis tonkinensis (Bourrt, 1934)

• Tonkin pitviper

大陆具颊窝的中小型管牙类毒蛇。头呈三角形，与颈区分明显。体较粗壮，尾短。头被小鳞，呈覆瓦状排列。头背黑褐色。棕黄色斑纹自吻端经眼向后达颈侧。体、尾背面棕黄色，正背具2行略呈方形的深棕色或黑褐色大斑，常左右交错排列，有时左右或前后相连。体侧具若干不规则的深棕色或黑褐色小斑块。尾背中央具1条白色脊线。腹面色浅近黄白色，腹鳞两侧具不规则的黑褐色斑。

国内分布于广西、广东、海南、香港。国外分布于越南、老挝。

① 产地香港　　② 产地香港

③ 产地香港

④ 产地香港

⑤ 产地广东

⑥ 产地广东

143

⑦ 产地不详

⑧ 尾背中央具1条白色脊线 / 产地不详

⑨ 产地香港

⑩ 产地广东

⑪ 产地广东

⑫ 产地香港

⑬ 产地广东

⑭ 产地广东

察隅烙铁头蛇

Ovophis zayuensis (Jiang, 1977)

· Zayu pitviper

头侧具颊窝的中小型管牙类毒蛇。头呈三角形，与颈区分明显。体较粗短，尾较短。头被小鳞，呈覆瓦状排列。头背及头侧红褐色，颊窝后方至颌角隐约具1条浅褐色细纹。体、尾背面砖红色或红褐色，正背具1行不明显的似城垛状的暗褐色斑纹。腹面橘红色或黄白色，散布不规则的深灰色碎斑，有些个体尾腹中央具1条纵向黑线。

国内分布于西藏、云南。国外分布于印度、缅甸。

① 产地西藏　　② 正背具似城垛状的暗褐色斑纹 / 产地云南
③ 吻侧各具1个颊窝 / 产地云南
④ 头被小鳞 / 产地西藏

⑤ 产地西藏　　⑩ 产地云南

⑥ 产地西藏　　⑪ 产地云南

⑦ 产地西藏

⑧ 产地西藏

⑨ 产地西藏

10

11

原矛头蝮属 *Protobothrops* Hoge and Romano-Hoge, 1983

原矛头蝮

Protobothrops mucrosquamatus (Cantor, 1839)

- 龟壳花（福建、台湾），老鼠蛇（福建），恶乌子（四川），笋壳斑（四川、福建），野猫种（湖南、江西、浙江），蕲蛇盖（江西、浙江）
- Point-scaled pitviper, Brown spotted pitviper

头侧具颊窝的中型管牙类毒蛇。头呈三角形，与颈区分明显。头被小鳞。体、尾均较细长。头背棕褐色，具略呈倒"V"字形的暗褐色斑。唇缘色稍浅，自眼后至颈侧具1条暗褐色纵纹。头腹色白。体、尾背面棕褐色或红褐色，正背具1行镶浅黄色边的粗大逗点状暗紫色斑，斑周缘色较深。体侧各具1行暗紫色斑块。腹面浅褐色，前段色浅，后段色较深。每枚腹鳞具深棕色细点组成的斑块若干，整体上交织成深浅错综的网纹。

国内分布于云南、四川、贵州、重庆、广西、广东、香港、海南、福建、台湾、江西、湖南、安徽、浙江、河南、陕西、甘肃。国外分布于印度、孟加拉国、缅甸、越南。

⑧ 产地海南 ⑬ 产地福建
⑨ 幼体毒牙 / 产地台湾 ⑭ 产地福建
⑩ 幼体 / 产地台湾 ⑮ 产地贵州
⑪ 毒牙 / 产地贵州 ⑯ 产地贵州
⑫ 半阴茎 / 产地贵州 ⑰ 产地福建
⑱ 产地福建
⑲ 产地福建

菜花原矛头蝮

Protobothrops jerdonii (Günther, 1875)

- 菜花蛇（四川西南）
- Jerdon's pitviper

头侧具颊窝的中型管牙类毒蛇。头呈三角形，较窄长，与颈区分明显。头背常具略呈"八"字形的粗大深色斑，枕、颈背面常具略呈"( )"形的深色粗斑，"( )"中央具1个粗大点状斑。有的个体头背斑纹形状难以描述，但大多数个体左右略对称。唇鳞和头腹白色或淡黄色，第1—4枚上唇鳞相接处鳞缘色深，形成3条短竖斑纹。眼后至颌部末端具1条黑色纵纹。体、尾背面黄色、草黄色或灰黄色，变异较大；具几十个黑色、红褐色或灰褐色不甚规则的横斑或圆斑，斑的颜色、形态、大小和是否镶边都是多变的。体、尾腹面黄色或白色，散布黑色小斑，体后段较前段黑斑更大更密。体中段背鳞21枚，个别19枚，除最外1—2行平滑外，其余均具棱。

国内分布于西藏、云南、贵州、四川、重庆、广西、湖南、湖北、河南、山西、陕西、甘肃。国外分布于印度、尼泊尔、不丹、缅甸、越南。

① 粗大眉纹，上唇具3条短竖斑纹 / 产地云南　　② 产地西藏
③ 产地云南
④ 产地云南
⑤ 产地云南
⑥ 产地云南
⑦ 毒牙，右侧的预备牙已长大 / 产地西藏
⑧ 半阴茎 / 产地云南
⑨ 产地云南

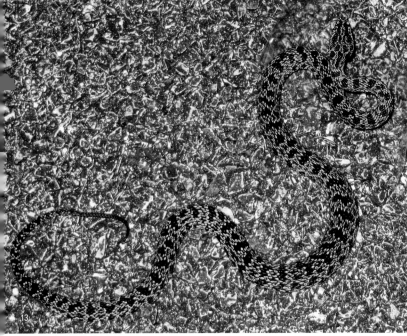

⑩ 产地陕西　　⑮ 产地云南

⑪ 产地云南　　⑯ 产地湖北

⑫ 产地不详　　⑰ 幼体／产地云南

⑬ 产地广西　　⑱ 产地西藏

⑭ 产地云南　　⑲ 幼体／产地四川

角原矛头蝮

Protobothrops cornutus (Smith, 1930)

· Horned pitviper

头侧具颊窝的中小型管牙类毒蛇。头板粒鳞，至三角形，与颈区分明显。颊窝由3枚大鳞围成，其中1枚为第2上唇鳞。眼上具1对向外斜、被细鳞的角状突起，角状物基部呈三角锥形。鼻鳞到两角基前侧具黑褐色"X"形斑。从角后侧至头后枕部具1对黑褐色")（"形斑。眼后具上浅下深的2条粗斑纹。通身背面灰色、灰褐色或灰绿色，自颈至尾具左右交错排列的镶黄色边的黑褐色块斑。腹面淡灰褐色，密布深色点斑。

国内分布于广西、广东、福建、贵州、浙江。国外分布于越南。

①

① 头背具1对角状物 / 产地广东　　② 产地广东
③ 产地广东
④ 产地广东
⑤ 产地广东

缅北原矛头蝮

Protobothrops kaulbacki (Smith, 1940)

· Kaulback's pitviper

头侧具颊窝的中型管牙类毒蛇。头呈三角形，较窄长，与颈区分明显。头背黑色，具略呈"人"字形的浅黄色细纵纹，眼后至颌部末端具1条黄色纵纹。上、下唇和颊部黄色。体、尾背面黄绿色，正背具1列暗褐色粗大逗点状斑，体侧各具1行较小暗褐色斑。腹面具灰白间杂的斑块。背鳞25-25-18行，中段D1平滑，D2—D5弱棱，其余强棱。与菜花原矛头蝮部分地区的标本色斑相近似，其主要区别是本种的中段背鳞25行，头较窄长，头背具略呈"人"字形的浅黄色细纵纹。

国内分布于西藏、云南。国外分布于缅甸、印度。

① 产地西藏　　② 产地云南
③ 产地西藏

④ 卵正从泄殖孔产出 / 产地云南
⑤ 护卵 / 产地云南
⑥ 子蛇出壳 / 产地云南
⑦ 刚刚破壳，伸出头 / 产地云南
⑧ 幼蛇 / 产地云南

乡城原矛头蝮

Protobothrops xiangchengensis (Zhao, Jiang and Huang, 1978)

· Western sichuan pitviper, Kham plateau pitviper

头侧具颊窝的中小型管牙类毒蛇。头被小鳞，呈三角形，与颈区分明显。头背浅褐色，具深棕色斑纹。头侧灰白色或具稀疏的棕色点，颊窝下方具1个显著的深棕色粗短竖斑，眼后具1条深棕色斑纹延伸至下颌后缘。体、尾背面浅褐色，背脊左右各具1—2行略呈三角形、镶浅灰色边的深棕色斑，常彼此相并呈犬牙交错的锯齿状斑，或呈一不甚整齐的横斑。腹面灰白色，密布深棕色细点，体后段较前段更密。

中国特有种。分布于四川、云南。

① 颊窝下方具1个显著的粗短竖斑 / 产地四川　　② 产地四川
③ 雄体 / 产地四川
④ 孕母 / 产地四川
⑤ 幼体 / 产地不详
⑥ 幼体 / 产地四川

莽山原矛头蝮

Protobothrops mangshanensis (Zhao, 1990)

· 小青蛇、小青龙（湖南），莽山烙铁头

· Mt. Mang pitviper, Mangshan pitviper

　　头侧具颊窝的中大型管牙类毒蛇。头大，呈三角形，与颈区分明显。吻端钝圆。头被小鳞，平滑无棱。眼较小，瞳孔直立椭圆形。通身背面色彩斑驳，黄绿色为主。头部具不规则的棕褐色斑纹，左右略对称。体、尾背面具若干约等距排列的棕褐色环斑，大多占2—3枚背鳞宽，边界不规则。环斑常在体侧断开，使得背面呈横斑状，侧面似块斑。腹面棕褐色，密布黄绿色点斑，散布略呈三角形的黄白色斑。尾后半段淡绿色或几近白色。背鳞25-25-17行，中段最外行平滑，其余均具棱。

　　中国特有种。分布于湖南、广东。

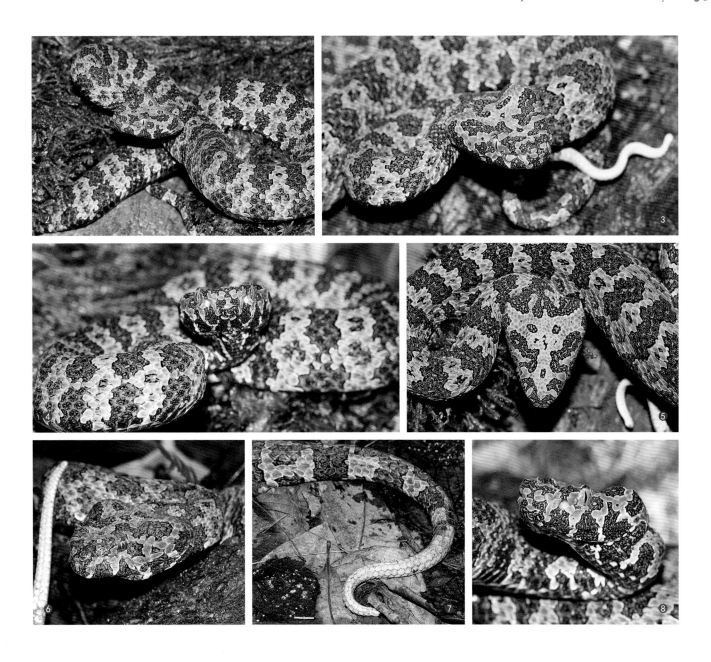

① 通身背面色彩斑驳，黄绿色为主 / 产地广东   ② 产地广东

③ 尾后半段色浅 / 产地广东

④ 产地广东

⑤ 产地广东

⑥ 产地广东

⑦ 产地广东

⑧ 产地广东

⑨ 产地广东
⑩ 产地广东
⑪ 产地广东

⑫ 幼体 / 产地湖南
⑬ 吞鼠 / 产地广东
⑭ 产地广东

茂兰原矛头蝮

Protobothrops maolanensis Yang, Orlov and Wang, 2011

• Mao-lan pitviper

头侧具颊窝的中小型管牙类毒蛇。体型和其他原矛头蝮相比相对较小。头呈三角形，较窄长，与颈区分明显。头被小鳞。头背灰褐色，具略对称的黑色条纹，眶后具1条细的灰褐色眉纹，从眼后延伸至颞鳞后方。体、尾背面浅灰色或灰褐色，具68—72条镶不连续的淡黄色边缘的深棕色横纹。尾尖黑褐色。腹面浅灰色，两侧散布浅褐色斑。

中国特有种。仅分布于贵州。

① 产地贵州　　② 眶后的细眉纹 / 产地贵州
③ 产地贵州
④ 产地贵州
⑤ 产地贵州
⑥ 产地贵州
⑦ 产地贵州

⑧ 产地贵州　　⑬ 产地贵州
⑨ 产地贵州　　⑭ 产地贵州
⑩ 产地贵州　　⑮ 产地贵州
⑪ 产地贵州　　⑯ 产地贵州
⑫ 产地贵州

大别山原矛头蝮

Protobothrops dabieshanensis Huang, Pan, Han, Zhang, Hou, Yu, Zheng and Zhang, 2012

· Dabieshan pitviper

　　头侧具颊窝的中小型管牙类毒蛇。头呈伸长的三角形，与颈区分明显。头被小鳞。头背深褐色，头侧黄色，自眼后具1条暗褐色细条纹延伸至下颌后缘。体、尾背面浅褐色，脊部两侧各具几十个近似三角形的暗褐色斑，有的在脊部相遇左右合并成菱形斑，大多在脊部交错排列。腹面灰色，两侧具橙白色斑点；尾尖处腹面颜色为暗橘红色。

　　中国特有种。分布于安徽、河南、湖北。

1

① 幼体，脊部两侧具三角形斑 / 产地安徽 　② 正模活体 / 产地安徽
③ 幼体 / 产地安徽
④ 幼体 / 产地安徽
⑤ 幼体 / 产地安徽

喜山原矛头蝮

Protobothrops himalayanus Pan, Chettri, Yang, Jiang, Wang, Zhang and Vogel, 2013

· Himalayan pitviper

　　头侧具颊窝的中型管牙类毒蛇。头呈三角形，与颈区分明显。头被小鳞。头背棕红色，头侧黄白色，眼后具1条红褐色细眉纹延伸至下颌后缘。体、尾背面橄榄绿色，具48+19个镶黑色边的红褐色横斑。每条横纹在身体两侧各具1个相同颜色的斑块，有时与横斑相接。腹面灰白色，每枚腹鳞和尾下鳞上都杂有棕灰色和黑褐色斑。背鳞25-25-19行，除最外行光滑外，均具棱。

　　国内分布于西藏。国外分布于尼泊尔、不丹、印度。

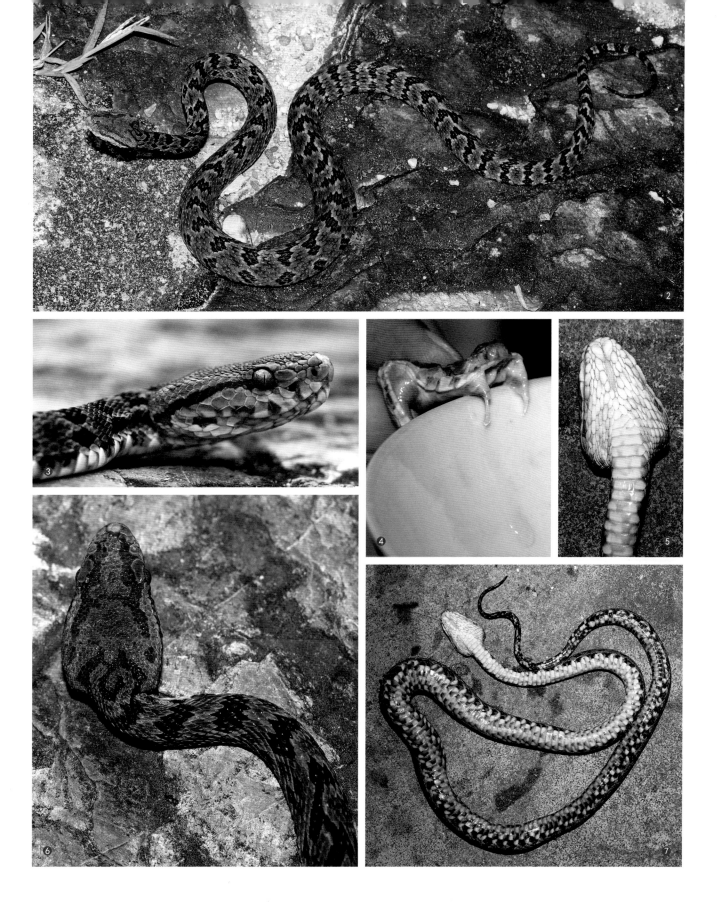

① 眼后具红褐色细眉纹 / 产地西藏　　　② 产地西藏

③ 产地西藏

④ 毒液黄色 / 产地西藏

⑤ 产地西藏

⑥ 头背棕红色 / 产地西藏

⑦ 产地西藏

竹叶青蛇属 *Trimeresurus* Lacépède, 1804

白唇竹叶青蛇

Trimeresurus (Trimeresurus) albolabris Gray, 1842

- 小青蛇（广东），青竹蛇（广东、广西、香港），小绿蛇、绿牙蛇（云南）
- White-lipped green pitviper

头侧具颊窝的中小型管牙类毒蛇。通身背面以绿色为主，尾具缠绕性，尾背及尾末段焦红色。头呈三角形，与颈区分明显。头背密布小鳞。与同属其他种类相比，白唇竹叶青蛇头较"厚"、且较"圆润"。整个头部颜色以吻鳞上缘经眼下缘水平延至颞部为界，界限分明：上部绿色，下部黄白色或浅绿色。颏片1对，呈"爱心"形。眼黄色、棕黄色或棕红色。鼻鳞与第1枚上唇鳞完全愈合或残留部分鳞沟。背鳞间皮肤黑灰相间，当背鳞撑开时，隐约可见黑白相间的横带。部分个体背鳞D1行具1条白色细纵纹（侧线），自颈后延至肛前，其中有些个体在头侧分界线处尚具1条白色线纹（该线纹被认为是雄性特征，有待进一步证实）。腹面黄绿色或浅绿色，后段颜色较深。体中段背鳞21行，除最外行平滑外，其余均具棱。

国内分布于香港、澳门、广东、广西、海南、福建、云南、贵州、江西、湖南。国外分布于尼泊尔、不丹、印度、缅甸、泰国、柬埔寨、老挝、越南、马来西亚、印度尼西亚。

① 攻击态，毒牙显露 / 产地香港　　② 鼻鳞与第1枚上唇鳞愈合 / 产地广东

③ 分叉的舌 / 产地广东

④ 头侧上、下二色，界线分明 / 产地香港

⑤ 产地广东

⑥ 产地广东

⑦ 唇鳞黄色个体 / 产地海南
⑧ 唇鳞绿色个体 / 产地海南
⑨ 产地广东

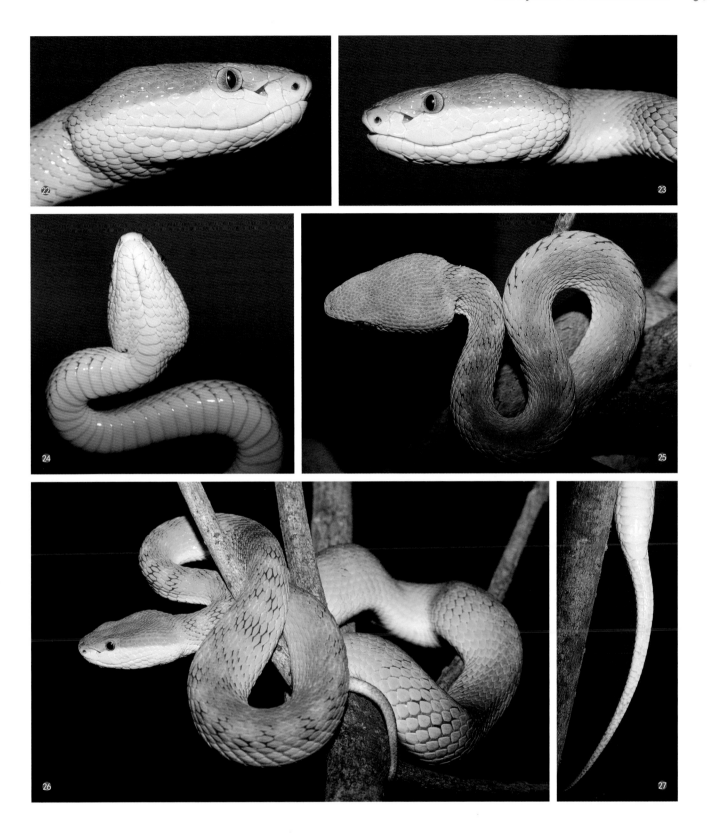

台湾竹叶青蛇

Trimeresurus (Trimeresurus) gracilis Ôshima, 1920

- 台湾烙铁头、菊池氏龟壳花（台湾）
- Taiwan pitviper, Taiwan mountain pitviper

头侧具颊窝的中小型管牙类毒蛇。通身背面褐色、灰褐色或红褐色，体较粗。头呈三角形，与颈区分明显，吻棱极显著。头背密布小鳞，皆隆起，后部小鳞隆起更甚且具棱。眼后具1条较宽的上下镶黄色边或白色边的黑纹。第1对下唇鳞横裂为二，在颊鳞与颔片之间形成1对较小的"颔片"。颔片1对，呈"爱心"形。背部具横跨脊部的深色斑块，或似横斑，或交错排列呈锯齿状。体侧具上下2条由不规则小黑斑排列而成的纵链，下条的黑斑形状和排列极不规则。腹鳞两端具黑斑，中部散布深褐色碎斑。体中段背鳞19行或21行，除最外行平滑外，其余均具强棱。

中国特有种。仅分布于台湾。

1

① 通身背面灰褐色 / 产地台湾　　② 通身背面褐色 / 产地台湾

③ 产地台湾

④ 产地台湾

⑤ 母蛇和子蛇 / 产地台湾

⑥ 幼体 / 产地台湾

⑦ 刚产出的子蛇，尚在卵膜中 / 产地台湾

福建竹叶青蛇

Trimeresurus (Viridovipera) stejnegeri Schmidt, 1925

- 小青蛇（广西），小青虫（贵州），白线连、红线连（贵州），金线连（福建），红眼睛（浙江），红眼蜻蜓（广东、浙江），青竹蛇（广东、广西、福建），青竹标（安徽、广东、广西），青竹丝（福建、湖南、江西），赤尾青竹丝（江西、台湾），赤尾殆（江西），焦尾巴（福建、浙江），焦尾砂（江西），焦尾青蛇（浙江），刁竹青（湖南、江西、浙江），蓝蛇（贵州），绿牙蛇、小绿蛇（云南）

- Fujian green pitviper, Stejneger's pitviper

头侧具颊窝的中小型管牙类毒蛇。通身背面以绿色为主，尾具缠绕性，尾背及尾末段焦红色。头呈三角形，与颈区分明显，头背密布小鳞。头背绿色，上唇稍浅，下唇和头腹浅黄绿色。颌片1对，呈"爱心"形。眼黄色、橘色或橘红色。背鳞间皮肤黑灰色，有时可见黑灰相间的横带。背鳞D1下半红色，D1上半及D2下缘白色，在体侧形成红白各半的侧线（部分个体仅在D1具白色侧线），起自眼部或颈部，延至尾部，断续到尾后1/4左右止。体、尾腹面浅黄绿色或浅绿色。体中段背鳞21行，除最外行平滑外，其余均具棱。

国内分布于福建、台湾、广东、广西、海南、云南、贵州、重庆、四川、湖南、湖北、江西、安徽、浙江、江苏、河南、甘肃、吉林（存疑）。国外分布于印度、尼泊尔、缅甸、泰国、越南。

① 鼻孔在前，颊窝在后 / 产地台湾　　② 鼻鳞与第1枚上唇鳞不愈合 / 产地浙江

③ 产地浙江

④ 吃鸟 / 产地台湾

⑤ 尾背焦黄色 / 产地浙江

⑥ 产地浙江

⑦ 吃蛙 / 产地浙江

⑲ 产地安徽

⑳ 尾背焦黄色，具缠绕性 / 产地安徽

㉑ 产地安徽

㉒ 产地安徽

㉓ 毒牙 / 产地安徽

㉔ 正在生产的母蛇 / 产地安徽

㉕ 子蛇正从泄殖孔中产出，母蛇具红白各半的侧线 / 产地安徽

㉖ 蜕皮后的初生子蛇 / 产地安徽

㉗ 刚产出的子蛇正在蜕皮 / 产地安徽

云南竹叶青蛇

Trimeresurus (*Viridovipera*) *yunnanensis* Schmidt, 1925

- 青竹标、绿牙蛇（云南）
- Yunnan green pitviper

　　头侧具颊窝的中小型管牙类毒蛇。通身背面以绿色为主，尾具缠绕性，尾背及尾末段焦红色。头呈三角形，与颈区分明显，头背密布小鳞。头背绿色，上唇稍浅，下唇及头腹浅黄白色。颔片1对，呈"爱心"形。眼黄色、橘黄色或棕红色。背鳞间皮肤黑色。背鳞D1下半红色，D1中央白色，组成红白各半的侧线（部分个体仅具白色侧线），起自眼部或颈部，延至尾部，断续到尾后1/4左右止。体、尾腹面浅黄绿色或浅绿色。体中段背鳞19行（同属相似种福建竹叶青蛇体中段背鳞21行），15—19行起棱。

　　国内分布于云南、四川。国外分布于缅甸、印度、尼泊尔。

① 虹膜黄色／产地云南

② 产地云南

③ 产地云南

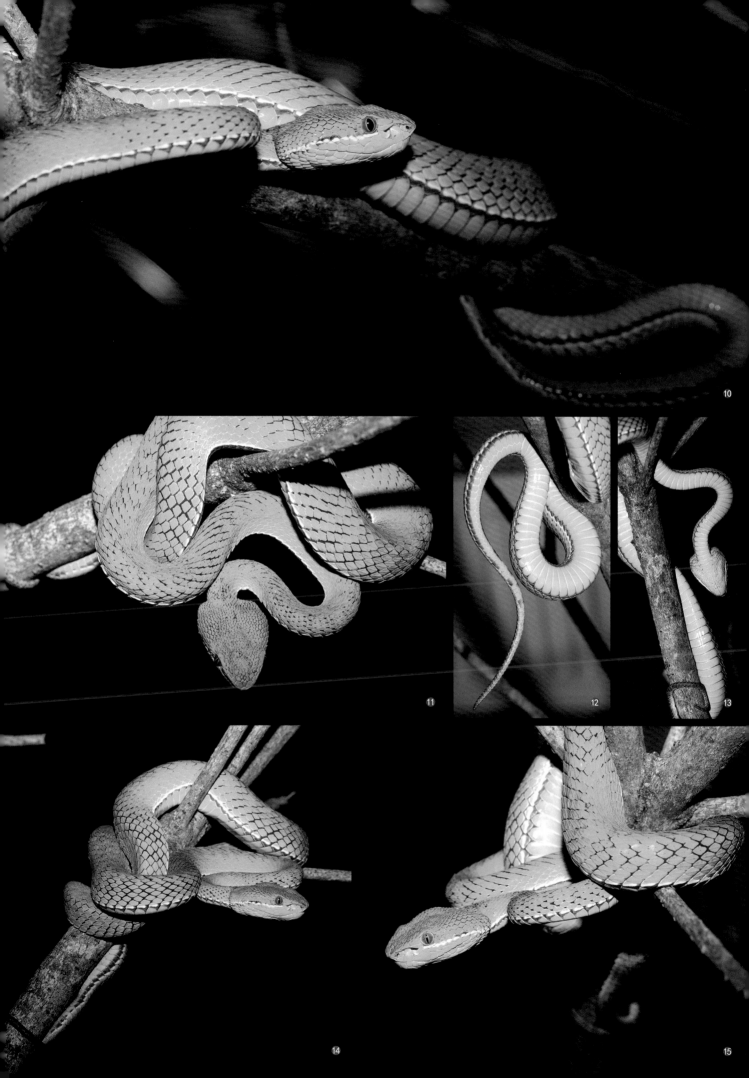

坡普竹叶青蛇

Trimeresurus (Popeia) popeiorum Smith, 1937

- Pope's tree viper, Pope's bamboo pitviper, Pope's green pitviper

头侧具颊窝的中小型管牙类毒蛇。通身背面以绿色为主，尾具缠绕性，尾背及尾末段焦红色。头呈三角形，与颈区分明显，头背密布小鳞。头背绿色，上唇稍浅，下唇及头腹浅黄绿色。颊片1对，呈"爱心"形。成体眼睛一般为血红色。背鳞间皮肤灰黑色。通常雄性具上红下白的眼后纹和上白下红的侧线；雌性只有白色眼后纹（有的无眼后纹），且只有白色侧线（有的无侧线）。腹面黄绿色。体中段背鳞21行，除最外行平滑外，其余具微棱。

国内分布于云南。国外分布于印度、尼泊尔、缅甸、泰国、老挝、马来西亚。

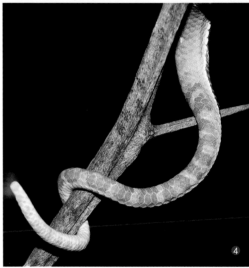

① 产地云南
② 雄性具上红下白的眼后纹和上白下红的侧线 / 产地云南
③ 腹部黄绿色 / 产地云南
④ 尾具缠绕性 / 产地云南

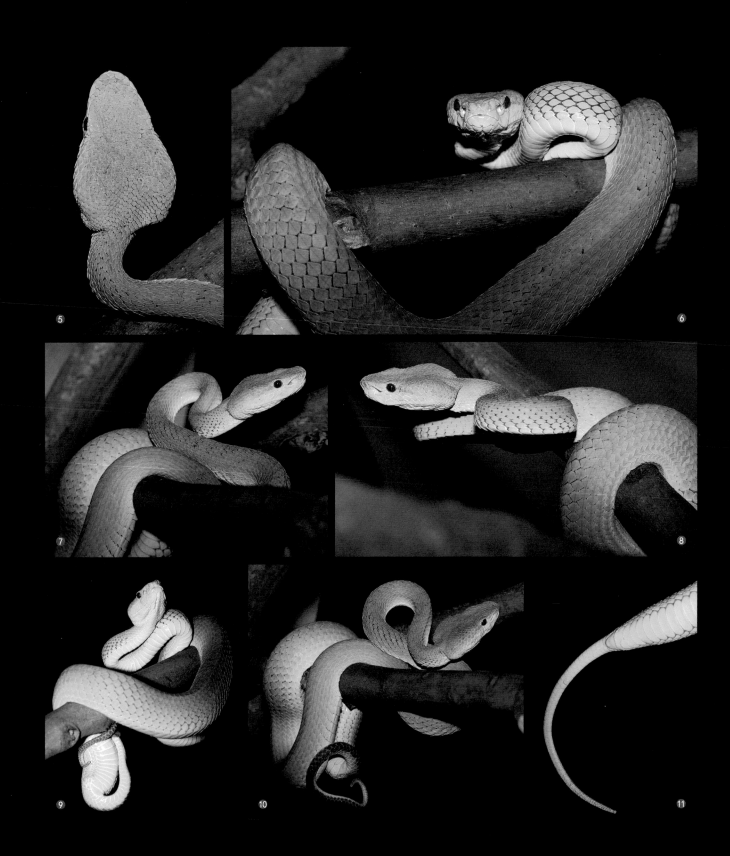

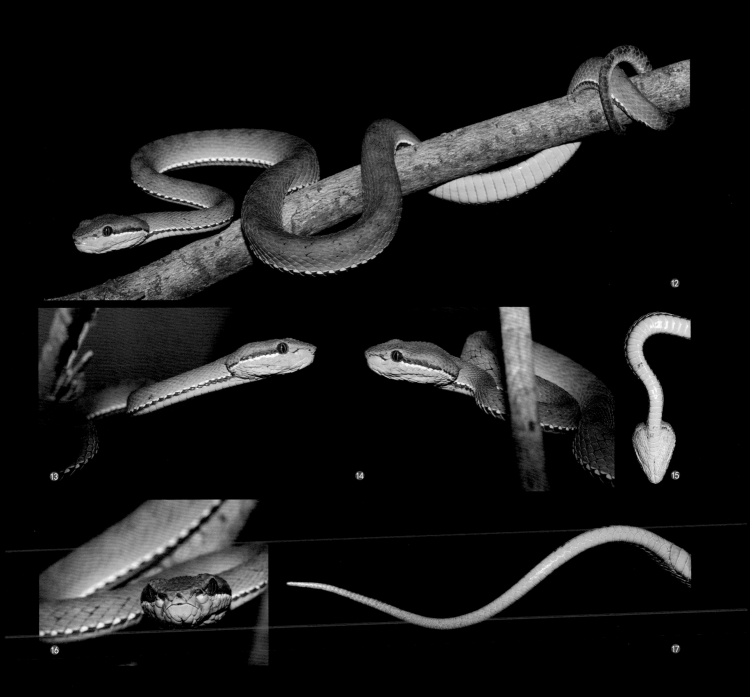

墨脱竹叶青蛇

Trimeresurus (Viridovipera) medoensis Zhao, 1977

Medog green pitviper ·

　　头侧具颊窝的中小型管牙类毒蛇。通身背面以绿色为主，尾具缠绕性，尾背及尾末段焦红色。头呈三角形，与颈区分明显，头背密布小鳞。头背绿色，上唇稍浅，下唇及头腹浅绿色。颔片1对，呈"爱心"形。眼黄绿色。背鳞间皮肤灰黑色。背鳞D1下半红色，D1上半及D2下缘白色，在体侧形成红白各半的侧线，始于口角附近，延止于前数对尾下鳞。腹面浅绿色。体中段背鳞17行（背鳞稍大，故行数较少），中段中央7—11行具弱棱。

　　国内分布于西藏。国外分布于印度、缅甸。

1

① 虹膜黄绿色 / 产地西藏　②　产地西藏

③ 产地西藏

④ 产地西藏

西藏竹叶青蛇

Trimeresurus (Himalayophis) tibetanus Huang, 1982

· Tibetan pitviper

头侧具颊窝的中小型管牙类毒蛇。通身背面以绿色为主，体稍粗，尾具缠绕性，尾尖绿色。头呈三角形，与颈区分明显，头背密布小鳞。头背绿色，上唇稍浅，头腹浅黄白色。眼橘色。背鳞间皮肤黑色。正背具若干锈红色斑（这与国内的其他竹叶青蛇区别较明显）。体中段背鳞21行，中段中央15—17行具弱棱。分布在尼泊尔的西藏竹叶青蛇体色和斑纹变异较大。

国内分布于西藏。国外分布于尼泊尔。

① 虹膜橘色，正背具锈红色斑 / 产地西藏

② 产地西藏

③ 产地西藏

冈氏竹叶青蛇

Trimeresurus (*Viridovipera*) *gumprechti* David, Vogel, Pauwels and Vidal, 2002

· Gumprecht's green pitviper

头侧具颊窝的中小型管牙类毒蛇。通身背面以绿色为主，体粗细正常，尾具缠绕性，尾背及尾末段焦红色。头呈三角形，与颈区分明显，头背密布小鳞。头背绿色，上唇稍浅，下唇及头腹浅绿色。颔片1对，呈"爱心"形。眼黄色或红褐色。背鳞D1下半红色，D1上半及D2下缘白色，在体侧形成红白各半的侧线（部分个体仅在D1中央具白色侧线），起自眼部或颈部，延至尾部，断续到尾后1/4左右止。背鳞间皮肤黑色。腹面浅绿色。体中段背鳞21行，除最外行光滑外，其余均起棱。

国内分布于云南。国外分布于泰国、老挝、越南、缅甸。

① 头背密布小鳞 / 产地云南　　② 虹膜红色 / 产地云南

③ 产地云南

④ 虹膜黄色 / 产地云南

⑤ 产地云南

⑥ 产地云南

⑦ 产地云南

四川华蝮

Trimeresurus (*Sinovipera*) *sichuanensis* (Guo and Wang, 2011)

- 四川竹叶青蛇
- Sichuan pitviper

头侧具颊窝的中小型管牙类毒蛇。通身背面以绿色为主，雌性体型较大，全长最大超过1米。尾具缠绕性，末段浅红色。头呈三角形，与颈区分明显，头背密布小鳞。头背绿色，上唇稍浅，下唇及头腹浅黄绿色。颌片1对，呈"爱心"形。个别个体第1对下唇鳞横裂为二，在颊鳞与颌片之间形成1对较小的"颌片"。眼红褐色或橘红色。无眼后纹和侧线。背鳞间皮肤蓝灰色。腹面黄绿色。体中段背鳞21行，除最外面4—5行外，均具微棱。

中国特有种。分布于四川、贵州。

① 虹膜红褐色 / 产地四川　　② 无眼后纹和侧线 / 产地四川

③ 产地四川

④ 正模活体 / 产地四川

⑤ 颏鳞三角形，第1对下唇鳞在头腹相接，颔片1对呈 "爱心" 形 / 产地四川

⑥ 产地四川

⑦ 产地四川

盈江竹叶青蛇

Trimeresurus (Popeia) yingjiangensis Chen, Ding, Shi and Zhang, 2019

- Yingjiang green pitviper

头侧具颊窝的中小型管牙类毒蛇。通身背面以草绿色或绿色为主，尾具缠绕性，尾背及尾末段焦红色。头呈三角形，与颈区分明显，头背密布小鳞。头背绿色，上唇稍浅，下唇及头腹浅蓝绿色。颔片1对，呈"爱心"形。眼鲜红色。雄性个体D1行背鳞火红色且在后上方带有白色椭圆形的斑点，D2下缘白色，在体侧形成红白双色的侧线，始于颈部，延至尾部，断续止于尾部中段。雌性无侧线。背鳞前部鳞缘粉蓝色，部分个体鳞面亦散布粉蓝色碎点。背鳞间皮肤蓝灰色。腹面黄绿色。体中段背鳞21行，除最外行平滑外，其余均具棱。

国内分布于云南。

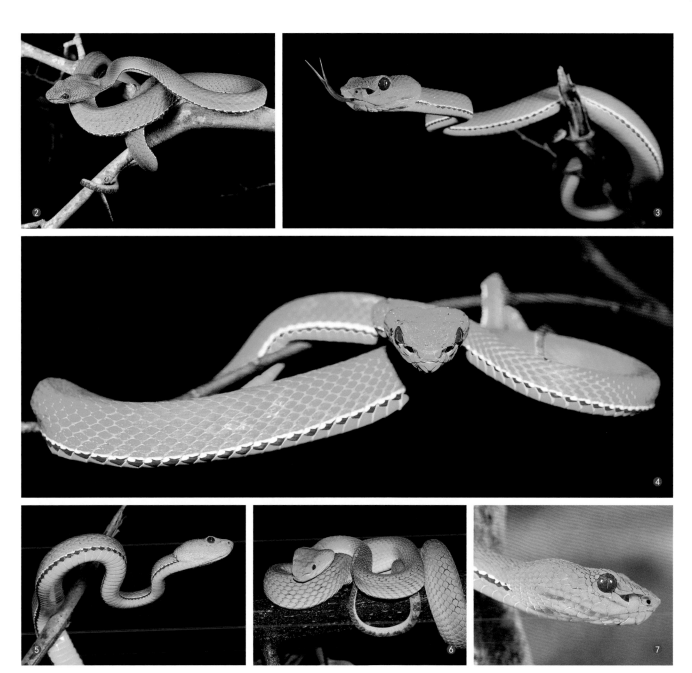

① 虹膜鲜红色 / 产地云南　　② 产地云南
③ 产地云南
④ 产地云南
⑤ 产地云南
⑥ 产地云南
⑦ 产地云南

⑧ 眼前部具1对颊窝 / 产地云南

⑨ 产地云南

⑩ 产地云南

⑪ 最外行背鳞火红色，其上方具白斑点 / 产地云南

⑫ 产地云南

⑬ 腹面黄绿色 / 产地云南

⑭ 产地云南

⑮ 右侧毒牙及其后方的预备牙 / 产地云南

⑯ 颊鳞三角形，第1对下唇鳞在头腹相接，颔片1对呈"爱心"形 / 产地云南

⑰ 产地云南

饰尾竹叶青蛇

Trimeresurus (*Trimeresurus*) *caudornatus* Chen, Ding, Vogel and Shi, 2020

· Ornamental tailed pitviper

头侧具颊窝的中小型管牙类毒蛇。通身背面以绿色为主，尾具缠绕性，尾背多为暗红色，尾侧、腹绿色，沿尾腹中线具1条橙红色细条纹。头呈三角形，与颈区分明显，头背密布小鳞。头背深绿色，无眼后纹，上唇淡绿色，下唇及头腹浅黄绿色。颔片1对，呈"爱心"形。眼黄色。鼻鳞与第1枚上唇鳞愈合。背鳞D1行具1条淡黄绿色侧线。腹面黄绿色，前段颜色较浅，后段较深。体中段背鳞21行，除最外2行平滑外，其余均具弱棱。

国内分布于云南。

① 毒牙在牙鞘内 / 产地云南　　　② 虹膜黄色 / 产地云南

③ 产地云南

④ 产地云南

⑤ 颊鳞三角形，第1对下唇鳞在头腹相接，颔片1对呈"爱心"形 / 产地云南

⑥ 产地云南

⑦ 产地云南

蝰属 *Vipera* Laurenti, 1768

极北蝰

Vipera berus (Linnaeus, 1758)

· Common adder

头侧无颊窝的小型管牙类毒蛇。头略呈三角形，与颈区分明显。端鳞大多2枚。鼻孔大，位于鼻鳞正中。眼中等大小，眼周有许多小鳞。上、下唇鳞黄白色或淡黄色，鳞缘褐色。通身背面灰褐色或橄榄黄色。头背具"X"形黑褐色斑，眼后具1条深色纵纹。背脊具1行深色锯齿状纵纹，两侧各具1行深色点斑。腹面浅褐色，密布棕色点斑。

国内分布于新疆、吉林。国外分布于除伊比利亚半岛以外的欧洲，及中亚、北亚、朝鲜、蒙古。

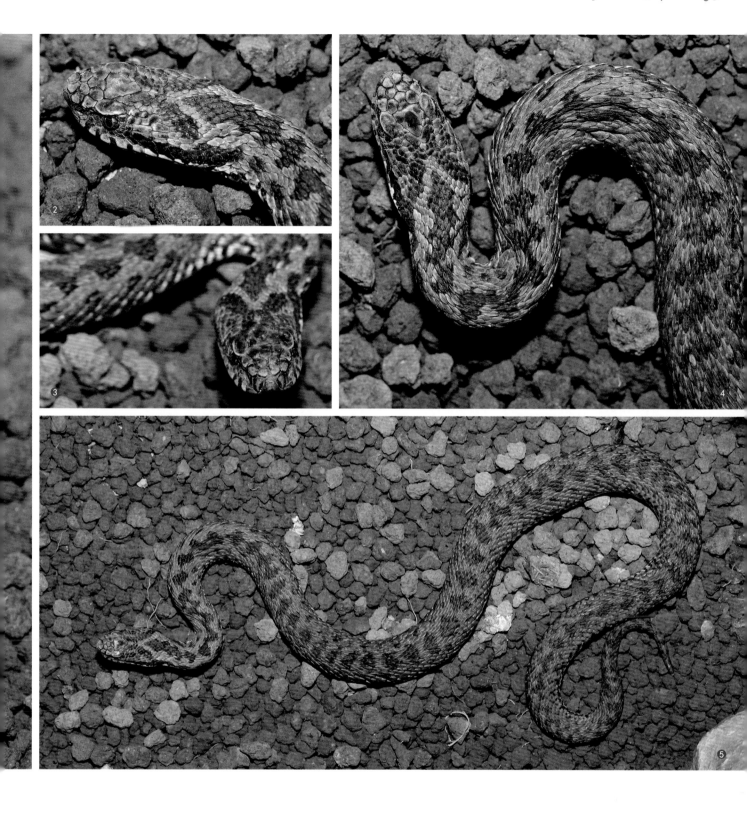

① 背脊具锯齿状纵纹 / 产地吉林　　② 产地吉林
③ 产地吉林
④ 端鳞2枚 / 产地吉林
⑤ 产地吉林

东方蝰

Vipera renardi (Christoph, 1861)

• **Steppe viper**

头侧无颊窝的小型管牙类毒蛇。头略呈三角形，与颈区分明显。端鳞大多1枚。鼻孔小，位于鼻鳞下半部。眼中等大小，眼周有许多小鳞。通身背面灰褐色。头背具"X"形黑褐色斑，眼后具1条深色纵纹。背脊具1行波浪形或锯齿状深色纵纹，体侧各具1行粗大的黑褐色点斑。腹面灰黑色，每枚腹鳞基部黑褐色，游离缘灰白色，散布1排或大或小的黑色点斑，前后缀连成数行细纵纹。

国内分布于新疆。国外分布于俄罗斯、乌克兰、哈萨克斯坦、吉尔吉斯斯坦、乌兹别克斯坦、塔吉克斯坦、蒙古。

① 端鳞1枚 / 产地新疆　　② 鼻孔小，位于鼻鳞下半部 / 产地新疆

③ 产地新疆

④ 产地新疆

⑤ 产地新疆

⑥ 产地新疆

⑦ 产地新疆

水蛇科 Homalopsidae /
铅色蛇属 *Hypsiscopus* Fitzinger, 1843

铅色水蛇

Hypsiscopus plumbea (Boie, 1827)

· 水泡蛇（广东、广西）
· Plumbeous water snake

小型淡水栖后沟牙类毒蛇。通身背面铅灰色无斑，背鳞鳞缘色深。体较粗，尾较短。头略大，与颈可区分。鼻间鳞单枚且较小，左右鼻鳞在鼻间鳞前相接。鼻孔背位。眼较小。上、下唇鳞乳白色。最外侧2—3行背鳞和外侧腹鳞淡黄色，形成淡黄色纵纹（幼蛇黄色较明显）。腹面乳黄色。腹鳞中央具略呈三角形的黑色小斑块，前后缀连形成链纹，左右尾下鳞相接处深色显著，前后串联形成尾腹正中的1条深色折线纹。

国内分布于云南、广东、广西、海南、香港、福建、台湾、江西、浙江、江苏。国外分布于印度尼西亚、马来西亚、泰国、柬埔寨、越南、老挝、缅甸、印度。

① 鼻孔背位。通身背面铅灰色无斑 / 产地香港　　② 分叉的舌 / 产地海南
③ 体色偏深个体 / 产地海南
④ 左右鼻鳞在单枚鼻间鳞前相接 / 产地海南

⑤ 产地不详

⑥ 产地不详

⑦ 颔部白色，体、尾腹面黄色 / 产地不详

⑧ 腹部中央具链纹 / 产地不详

⑨ 尾腹中央具折线纹 / 产地不详

⑩ 最外侧3行背鳞黄色 / 产地不详

⑪ 产地不详

黑斑水蛇

Myrrophis bennettii (Gray, 1842)

- 水蛇
- Mangrove water snake

小型淡水栖后沟牙类毒蛇。通身背面暗棕色或灰黑色，具20余个略呈圆形或不规则黑斑，腹面具横斑。体较粗，尾较短。头略大，与颈可区分。鼻间鳞单枚，左右鼻鳞在鼻间鳞前以尖相接。鼻孔背位。眼较小。上、下唇鳞黄白色。最外侧4行背鳞黄白色。体前段背正中具1条黑色细纵纹，无黑斑；体后段及尾背正中也具1条黑色细纵纹（部分个体不明显）。

国内分布于福建、广东、广西、海南、澳门、香港。国外分布于越南。

① 体前段背正中具1条黑色细纵纹 / 产地广东　　② 最外侧4行背鳞黄白色 / 产地广东

③ 通身背面灰黑色，黑斑明显 / 产地广东

④ 鼻孔背位，眼较小 / 产地广东

中国水蛇

Myrrophis chinensis (Gray, 1842)

- 泥蛇（广东、广西、福建、浙江），红鳞草扑蛇（广西），三步跳（广西）
- Chinese water snake

小型淡水栖后沟牙类毒蛇。头略大，与颈可区分。鼻孔背位。眼较小。体较粗，尾较短。上、下唇鳞白色。通身背面棕褐色，部分背鳞局部或全部黑褐色，构成大小不一、相距不等的3行黑斑。体背最外侧3行背鳞浅橘红色。腹面污白色，腹鳞鳞缘浅黑色，形成横纹。尾下鳞基部或周缘黑褐色，在成对的尾下鳞沟连缀成尾腹正中的1条纵折线纹。

国内分布于福建、台湾、广东、香港、澳门、海南、广西、重庆、湖南、湖北、江西、安徽、浙江、江苏。国外分布于越南。

① 产地不详　　③ 鼻孔背位，适于水栖生活 / 产地福建
② 产地不详　　④ 体背具3纵行黑斑 / 产地广东

⑤ 体背最外侧3行背鳞浅橘红色 / 产地不详

⑥ 产地不详

⑦ 产地不详

⑧ 产地不详

⑨ 产地不详

⑩ 产地不详

小型淡水栖后沟牙类毒蛇。头略大，与颈可区分。鼻孔背位。眼较小。体较粗，尾较短。上、下唇鳞白色，部分鳞缘黑色。通身背面黑褐色，背鳞平滑无棱，但鳞脊处色浅，前后连缀看似有若干细纵纹。体背自枕至尾具若干白色细横纹。最外5—8行背鳞和腹鳞同为白色，具黑褐色横斑，左右横斑交错排列，偶有在腹中央处相接。尾腹约具10个黑褐色横斑。

国内分布于广西（南宁农贸市场调查）、广州（蛇市场调查）。在中国野外是否存在稳定种群有待进一步调查。国外分布于泰国、越南、柬埔寨、马来西亚。

腹斑蛇属 *Subsessor* Murphy and Voris, 2014

腹斑水蛇

Subsessor bocourti (Jan, 1865)

虎蛇、海豹蛇（广西）·

Bocourt's water snake·

① 产地不详
② 产地不详
③ 产地不详
④ 产地不详
⑤ 腹面具黑褐色横斑 / 产地不详
⑥ 体背具白色细横纹 / 产地不详

屋蛇科 Lamprophiidae /
紫沙蛇属 *Psammodynastes* Günther, 1858

紫沙蛇

Psammodynastes pulverulentus (Boie, 1827)

· 茶斑大头蛇、褐山蛇、茶斑蛇、
烂叶子蛇、懒蛇

· **Common mock viper**

小型后沟牙类毒蛇。头略呈盾形，吻端尖出，明显超出下颌。头、颈可区分。体色变异较大，通身紫褐色、红褐色、灰色、黄色、灰黑色等。头背具5条长短不一的深色纵纹，第3条最短，第2、4条在第3条后部汇合并向后延伸，呈"Y"形。前额鳞和眶上鳞均外突，形成头背侧棱，似"窗眉"。背部常具稀疏的深浅相伴的碎斑。腹面较体背色浅，常具4条细纵纹，两侧细纵纹明显，自颈后至尾尖；中间2条常不明显。

国内分布于海南、广东、广西、云南、贵州、西藏、香港、福建、台湾、江西、湖南。国外分布于印度尼西亚、马来西亚、泰国、柬埔寨、越南、老挝、缅甸、孟加拉国、印度、尼泊尔、不丹、菲律宾。

① 黄色个体 / 产地广东　　　　② 产地台湾

③ 头背侧棱，似"窗眉" / 产地台湾

④ 产地台湾

⑤ 头略呈盾形，吻端尖出 / 产地海南

⑥ 头背具5条长短不一的深色纵纹 / 产地海南

⑦ 腹面具细纵纹 / 产地海南

⑧ 产地海南

⑨ 产地海南

⑩ 红褐色个体 / 产地香港   ⑬ 紫褐色个体 / 产地福建

⑪ 产地广东   ⑭ 产地福建

⑫ 产地广东   ⑮ 产地福建

                            ⑯ 产地福建

                            ⑰ 产地福建

                            ⑱ 产地香港

                            ⑲ 产地福建

花条蛇属 *Psammophis* Boie, 1826

花条蛇

Psammophis lineolatus (Brandt, 1838)

- 子弹蛇、牛鞭蛇、花长虫
- Slender sand snake

中小型后沟牙类毒蛇。体细长如鞭，通身背面砂灰色，具4条始于头部的细纵纹，2条始于头背眶上鳞，向后沿脊侧达尾末；2条始于头侧鼻孔之后，经眼向后沿体侧达尾前半段。头背中央具1条较短纵纹，始自顶鳞逐渐消失于颈部。吻端钝圆，超出下颌甚多，头背鳞片凹凸不平。腹面白色，腹面两侧具腹链纹，由腹鳞两侧的短细纵纹连缀而成。腹中央具1条镶棕黄色边的纵带，自颈部通达尾末，纵纹前端边缘色深。

国内分布于新疆、内蒙古、甘肃、宁夏。国外分布于土库曼斯坦、阿塞拜疆、阿富汗、巴基斯坦、哈萨克斯坦、吉尔吉斯斯坦、蒙古、塔吉克斯坦、乌兹别克斯坦、伊朗。

眼镜蛇科 Elapidae /
环蛇属 *Bungarus* Daudin, 1803

马来环蛇

Bungarus candidus (Linnaeus, 1758)

· Blue krait

中型前沟牙类毒蛇。头椭圆且略扁，与颈区分不明显。背鳞平滑，通身15行，脊鳞扩大呈六边形，肥胖个体脊部棱脊不明显。头背黑色或黑褐色。体、尾背面具黑白相间的环状斑纹22—38+7—14个，环斑纹宽度从身体的前半部到后半部逐渐减小。幼体的头部两侧具大的白色斑纹。

国内分布于云南、贵州、广西、广东、福建。国外分布于马来西亚、印度尼西亚、新加坡、泰国、柬埔寨、越南、老挝。

① 看似马来环蛇与银环蛇的过渡类型 / 产地广西

金环蛇

Bungarus fasciatus (Schneider, 1801)

金脚带、金包铁、金报应（广东、广西），铁包金（广东、云南），四十八节（湖南），黄金甲、玄南鞭（福建），金甲带、黄节蛇、玄坛鞭、国公鞭（江西）

Banded krait ·

中型前沟牙类毒蛇。头椭圆且略扁，与颈区分不明显。吻端圆钝，鼻孔较大。眼小，瞳孔圆形。背鳞平滑，通身15行，脊鳞扩大呈六边形。体圆柱形，背脊明显棱起。尾短，末端钝圆。头背黑色，枕及颈背具污黄色的倒"V"形斑，有的个体不明显。体、尾具约等宽的黑黄相间的环状斑纹，黄色环纹20—26+3—5个，有些个体在黄色环纹中央散布黑褐色点斑。

国内分布于云南、广西、广东、海南、香港、澳门、江西、福建。国外分布于印度、孟加拉国、缅甸、泰国、越南、老挝、柬埔寨、马来西亚、新加坡、印度尼西亚。

① 黑黄相间的环状斑纹／产地广东

241

② 脊鳞扩大呈六边形 / 产地广东

③ 产地广东

④ 产地广东

⑤ 尾短，末端钝圆 / 产地广东

⑥ 黄色环斑中有黑斑 / 产地广东

⑦ 产地香港

中型前沟牙类毒蛇。头椭圆且略扁，与颈区分不明显。吻端圆钝，鼻孔较大。眼小，瞳孔圆形。背鳞平滑，通身15行，脊鳞稍大于相邻背鳞，略呈六边形。体圆柱形，尾短。背面黑色或黑褐色，体后3/4可识别出40余个白色横纹，横纹系由部分背鳞上的白色点斑缀连而成。腹鳞灰褐色，游离缘色浅，每隔3—4枚腹鳞具不规则的黄白色斑，其位置大致与背面的折纹吻合。

国内分布于西藏。国外分布于印度、尼泊尔、缅甸、不丹、越南。

环蛇
Bungarus bungaroides (Cantor, 1839)

Himalayan krait ·

① 体背黑褐色，具白色横纹 / 产地西藏

①

银环蛇

Bungarus multicinctus Blyth, 1861

· 银脚带、银包铁、过基甲（广东、广西），白节蛇、簸箕甲（福建），雨伞蛇、百节蛇、白节仔（台湾），手巾蛇（福建、台湾），百步梯、吹箫蛇、竹节蛇（江西），寸白蛇（广东、湖南、江西、浙江），团簸甲、白带蛇（浙江），四十八节、银报应、甲带（湖南），节节乌、洞箫蛇（福建、湖南、江西），金钱白花蛇（安徽、江西）

· Many-banded krait

中型前沟牙类毒蛇。头椭圆且略扁，与颈略可区分。吻端圆钝，鼻孔较大。眼小，瞳孔圆形。背鳞平滑，通身15行，脊鳞扩大呈六边形，肥胖个体脊部棱脊不明显。体圆柱形，尾短，末端略尖细。头背黑色或黑褐色，枕及颈背具污白色的倒"V"形斑，有的个体不明显。体、尾背面具黑白相间的环状斑纹，通身白环宽度皆明显小于相邻黑环宽度。白环数25—50+7—18个。腹面污白色，散布灰色碎斑。

国内分布于福建、台湾、江西、浙江、安徽、湖北、湖南、广东、香港、澳门、海南、广西、云南、贵州、重庆。国外分布于缅甸、越南、老挝。

① 白环宽度明显小于相邻黑环 / 产地浙江　　② 产地广东

③ 隐约可见枕及颈背的倒 "V" 形斑 / 产地安徽

④ 产地安徽

⑤ 产地安徽

⑭ 脊鳞扩大呈六边形 / 产地广东

海蛇属 *Hydrophis* Latreille, 1801

长吻海蛇

Hydrophis platurus (Linnaeus, 1766)

- 黑背海蛇、黄腹海蛇
- Yellow-bellied sea snake, Yellow and black sea snake

中小型前沟牙类毒蛇。终生在海水中生活。头、颈区分不明显。鼻孔背位。头扁且吻长，体短粗且侧扁，尾侧扁。头、体上半黑色或深橄榄色，下半鲜黄色，两色在体侧界线分明。尾部白色，散布大小不一的黑斑，黑斑的大小、排列变异颇多。体鳞颈部一周41—59枚，躯体最粗部一周49—59枚，鳞片六边形或近方形，平砌排列，在背面者平滑，在体侧者具短棱。腹鳞常可辨别，被纵沟分裂为二，少数与体鳞不易区别。

国内分布于福建、广东、广西、海南、台湾、香港、浙江、山东等沿海。国外分布于印度洋、太平洋及其海岛沿岸，东达中美洲西海岸，西达非洲东部，北到日本海，南到澳大利亚沿海，直至塔斯马尼亚。

① 体侧上、下二色，界线分明 / 产地台湾　　　② 体、尾侧扁 / 产地台湾

③ 鼻孔背位。头扁，吻长 / 产地台湾

④ 产地台湾

青环海蛇

Hydrophis cyanocinctus Daudin, 1803

• Blue-banded sea snake

中型前沟牙类毒蛇。终生在海水中生活，是中国大陆沿海分布最广且最常见的海蛇。头、颈区分不明显。鼻孔背位。体长且较细，后部较粗且略侧扁，尾侧扁如桨。头背橄榄褐色，头腹略浅淡。体背浅黄色或浅褐色，体、尾腹面黄白色；通身具背宽腹窄的黑褐色环纹50—76+5—10个。（幼蛇斑纹清晰，腹鳞黑色。年老个体背面环纹渐模糊，但体侧仍可辨认）体鳞略呈覆瓦状排列，中央具棱，颈部一周27—35枚，躯体最粗部一周37—44枚。体前段腹鳞约为相邻体鳞的2倍，后段腹鳞仅略大于相邻体鳞。

国内分布于福建、广东、广西、海南、台湾、香港、浙江、上海、山东、辽宁等沿海。国外分布于由波斯湾经印度半岛沿海至日本和印澳海域。

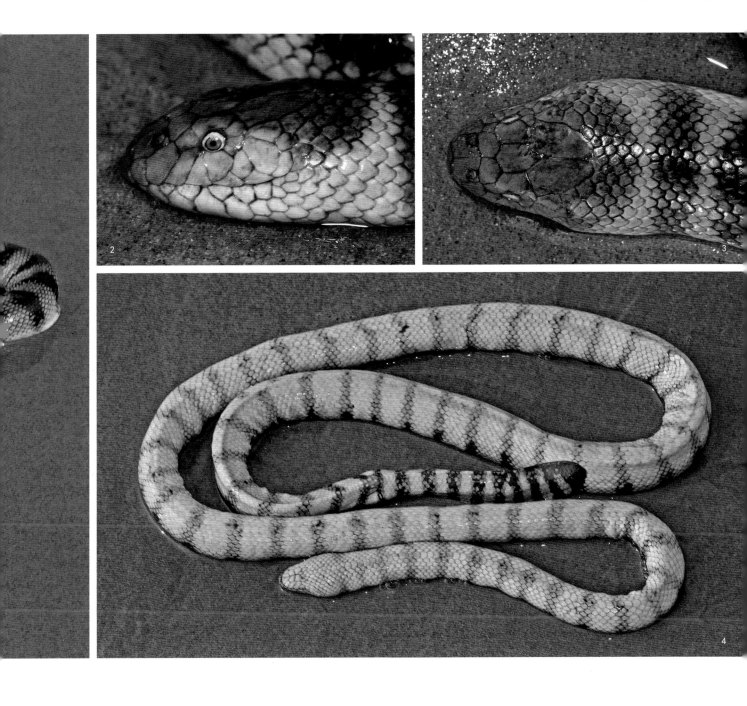

① 体、尾背面环纹较宽。体较长，尾侧扁 / 产地海南　② 头、颈区分不明显 / 产地海南
③ 鼻孔背位 / 产地海南
④ 体、尾腹面环纹较窄 / 产地海南

扁尾海蛇属 *Laticauda* Laurenti, 1768

扁尾海蛇

Laticauda laticaudata (Linnaeus, 1758)

- 黑唇青斑海蛇（台湾）
- Black-lipped sea krait, Black-lipped sea snake

中小型前沟牙类毒蛇。在海水中生活，繁殖季节常会上岸，产卵于岸上的岩石缝隙中。头、颈区分不明显。体圆柱形，尾侧扁。具2枚前额鳞。唇缘黑色，额部具1个略呈新月形的浅蓝色或白色斑纹。体背蓝灰色或蓝色，具黑色环纹39—50个。与蓝灰扁尾海蛇形态相近，区别是后者具3枚前额鳞，且唇缘黄色。

国内分布于福建、台湾等沿海。国外分布于斯里兰卡、缅甸、马来西亚、印度尼西亚、菲律宾、日本、澳大利亚、新西兰、斐济、新喀里多尼亚、墨西哥、萨尔瓦多、尼加拉瓜沿海，以及太平洋的泰国湾、美拉尼西亚、波利尼西亚、新几内亚群岛，印度洋的安达曼群岛、尼科巴群岛、孟加拉湾。

① 唇缘黑色 / 产地菲律宾　　② 吻背具1个浅蓝色新月形斑 / 产地菲律宾
③ 吻背具1个白色新月形斑 / 产地台湾
④ 具2枚前颞鳞 / 产地台湾
⑤ 尾侧扁 / 产地台湾

蓝灰扁尾海蛇

Laticauda colubrina (Schneider, 1799)

· 灰海蛇、火烧蛇、黄唇青斑海蛇（台湾）
· Yellow-lipped sea krait, Colubrine sea krait

中小型前沟牙类毒蛇。在海水中生活，夜晚在沿岸沙滩、岩礁间活动。繁殖季节产卵于沿岸岩礁间或珊瑚礁缝隙中。头、颈区分不明显。体圆柱形，尾侧扁。具3枚前额鳞。唇缘黄色，且此黄色斑纹延伸至吻及额部略呈新月形。体背蓝灰色，具蓝黑色环纹38—43+3—6个。与扁尾海蛇形态相近，区别是后者具2枚前额鳞，且唇缘黑色。

国内分布于台湾沿海。国外分布于斯里兰卡、缅甸、马来西亚、印度尼西亚、菲律宾、日本、澳大利亚、新西兰、斐济、新喀里多尼亚、墨西哥、萨尔瓦多、尼加拉瓜沿海，以及太平洋的泰国湾、美拉尼西亚、波利尼西亚、新几内亚群岛，印度洋的安达曼群岛、尼科巴群岛、孟加拉湾。

① 具3枚前额鳞 / 产地海南　② 产地台湾

③ 唇缘黄色 / 产地台湾

半环扁尾海蛇

Laticauda semifasciata (Reinwardt, 1837)

- 阔尾青斑海蛇（台湾）
- Wide-striped sea krait

中小型前沟牙类毒蛇。在海水中生活，繁殖季节常会上岸，产卵于岸上的岩石缝隙中。头、颈区分不明显。体圆柱形，较粗壮，尾侧扁。吻鳞横裂为二。体背蓝灰色，具暗褐色环纹35—39+6—7个。与扁尾海蛇和蓝灰扁尾海蛇的区别是本种吻鳞横裂为二。

国内分布于辽宁、福建、台湾等沿海。国外分布于印度尼西亚、巴布亚新几内亚、菲律宾、斐济、马鲁古群岛及琉球群岛沿海。

① 尾侧扁如桨 / 产地台湾　　② 产地台湾
③ 吻鳞横裂为二 / 产地台湾

眼镜蛇属 *Naja* Laurenti, 1768

孟加拉眼镜蛇

Naja kaouthia Lesson, 1831

• Monocled cobra

中型前沟牙类毒蛇。脊鳞两侧数行较窄长，斜列。受惊扰时，颈部平扁膨大，前半身常竖立，连续发出"呼"声，作攻击姿态，颈背可见"单片眼镜"状斑纹（相近种舟山眼镜蛇颈背的斑纹似"双片眼镜"）。通身背面暗褐色或灰褐色，常具浅色细横纹。幼蛇横纹更明显。腹面前段污白色，后段灰褐色。典型个体大约在第10枚腹鳞前后具1个深褐色横斑，占3—5枚腹鳞宽，在此横斑之前的腹鳞两侧各具1个深褐色点斑。

国内分布于广西、四川、西藏、云南、贵州。国外分布十孟加拉国、印度、不丹、尼泊尔、缅甸、泰国、越南、柬埔寨、老挝、马来西亚。

① 颈部平扁膨大，头和体前段抬起 / 产地云南

② 颈背浅色圆圈内外缘镶黑边 / 产地泰国

③ 产地泰国

④ 产地泰国

⑤ 产地泰国

舟山眼镜蛇

Naja atra Cantor, 1842

• 万蛇、吹风蛇（广东、广西），膨颈蛇、蝙蝠蛇（福建、湖南、江西），饭铲头（广东、广西、湖南、江西、浙江），饭匙倩（福建、广东、湖南、江西、台湾），扁头蛇（湖南），扁颈蛇（江西），琵琶蛇（广西、湖南、江西），包呼（云南）

• Chinese cobra

中型前沟牙类毒蛇。脊鳞两侧数行较卡长，科列。受惊扰时，颈部平扁膨大，前半身常竖立，连续发出"呼"声，作攻击姿态，颈背可见"双片眼镜"状斑纹，部分个体"眼镜"状斑纹不规则或不显（相近种孟加拉眼镜蛇颈背的斑纹似"单片眼镜"）。通身背面黑褐色或暗褐色，体背具若干条白色细横纹，少数个体细横纹不显。腹面前段污白色，后段灰黑色或灰褐色。典型个体大约在第10枚腹鳞前后具1个深褐色横斑，占3—6枚腹鳞宽，在此横斑之前的腹鳞两侧各具1个深褐色点斑。

国内分布于浙江、安徽、江西、福建、台湾、广东、香港、澳门、海南、广西、湖南、湖北、贵州、重庆。国外分布于越南、老挝、柬埔寨。

① 颈部平扁膨大，前半身竖立 / 产地安徽　　② 产地安徽

③ 产地安徽

④ 产地安徽

⑤ 产地安徽

⑥ 通身背面黑褐色个体 / 产地安徽

⑦ 产地安徽

⑧ 产地安徽

⑨ 护卵 / 产地安徽

⑩ 产地广东

⑪ 产地广东

⑫ 产地广东

⑬ 产地安徽

⑭ 颈背斑纹多变 / 产地安徽

⑮ 产地浙江
⑯ 颈背具典型的"眼镜"斑 / 产地浙江
⑰ 幼体 / 产地台湾
⑱ 产地台湾
⑲ 产地台湾

①

眼镜王蛇属 *Ophiophagus* Günther, 1864

眼镜王蛇

Ophiophagus hannah (Cantor, 1836)

- 扁颈蛇、蛇王（广西），过山乌（广东），山万蛇、过山峰、过山风（广东、广西），大膨颈蛇、大眼镜蛇、大扁颈蛇（福建），黑乌梢（云南）
- King cobra

世界上最大的前沟牙类毒蛇。全长一般3米左右，最长纪录达6米。脊鳞两侧数行较窄长，斜列。受惊扰时，颈部平扁膨大，前半身常竖立，作攻击姿态。颈背无眼镜状斑纹（相近种舟山眼镜蛇颈背具"双片眼镜"状斑纹）。顶鳞后具1对较大的枕鳞。通身背面黑褐色，头背色略浅。颈背具倒"V"形黄白色斑，颈以后具几十条镶黑边的白色横纹，约占2枚背鳞宽。头腹乳白色无斑，在颈腹面渐变为黄白色或灰白色，并开始出现灰褐色斑点，斑点在体前段腹面汇聚成几道不甚规则的灰褐色横斑，占2—5枚腹鳞宽，横斑间及其后部的斑点密集，使整个腹面呈现灰褐色。幼蛇色斑鲜艳，头背及体、尾背面横纹鲜黄色。

国内分布于西藏、云南、贵州、四川、广西、广东、香港、海南、福建、浙江、江西、湖南。国外分布于东南亚及南亚各国。

① 顶鳞后具2枚枕鳞是眼镜王蛇的特征 / 产地广东　　② 产地浙江

③ 产地广东

④ 产地浙江

⑤ 无"眼镜斑"，具浅色横斑 / 产地广西

266

⑥ 产地不详　　⑬ 产地广东

⑦ 产地不详　　⑭ 幼体 / 产地广东

⑧ 产地不详　　⑮ 幼体 / 产地广西

⑨ 产地不详

⑩ 产地不详

⑪ 产地不详

⑫ 产地广东

中华珊瑚蛇属 *Sinomicrurus* Slowinski, Boundy and Lawson, 2001

中华珊瑚蛇

Sinomicrurus macclellandi (Reinhardt, 1844)

- 赤伞节、环纹赤蛇（台湾）
- Macclelland's coral snake

中小型前沟牙类毒蛇。头较小，与颈区分不明显。体细长，尾短，末端为坚硬的圆锥形尖鳞。眼小。头背色黑，具2条黄白横纹，前条细，后条宽大。体、尾背面红褐色，镶黄色边的黑横纹躯干19—39+0—7条。腹面黄白色，具不甚规则的黑色横斑，常占据约2枚腹鳞宽，在身体前段波密而显腹，有的横斑很短，呈圆斑形。背鳞平滑，通身13行。

国内分布于西藏、云南、贵州、四川、重庆、广西、广东、海南、香港、台湾、福建、浙江、江西、湖南、湖北、安徽、江苏、河南、陕西、甘肃。国外分布于印度、尼泊尔、孟加拉国、不丹、缅甸、泰国、越南、日本。

① 头背具2条白斑纹，前条细，后条宽大 / 产地安徽　　② 腹面具黑色横斑 / 产地香港

③ 产地台湾

④ 产地香港

⑤ 产地安徽

⑥ 产地安徽

⑦ 产地安徽

⑧ 海南个体体背横纹较短，常呈点状 / 产地海南

⑨ 产地安徽

⑩ 产地安徽

⑪ 产地安徽

⑫ 吻背的前条细纹不显 / 产地云南

⑬ 产地香港

⑭ 产地海南

⑮ 产地安徽

⑯ 尾常卷起，腹面朝天 / 产地海南

梭德氏华珊瑚蛇

Sinomicrurus sauteri (Steindachner, 1913)

- 梭德氏带纹赤蛇（台湾）
- Oriental coral snake

中小型前沟牙类毒蛇。头较小，与颈区分不明显。体圆柱形，尾短，末端为坚硬的圆锥形尖鳞。头背深棕色或黑色，前额具浅棕色不规则斑点，眼睛后方具1条较粗的奶油色或白色的横斑。体、尾背面红色、暗红色或橘红色，自颈至尾尖具3条明显的黑色纵带，位于体背正中及两侧。体侧具极少短横斑或无。腹面白色或污白色，有许多大小不一、分布不规则的黑色横斑。与羽鸟氏华珊瑚蛇形态相似，区别是后者体侧具18—21个呈黑白镶嵌的短横斑。

中国特有种。仅分布于台湾。

① 头背具1条白色横斑／产地台湾
② 体背具3条黑色纵纹／产地台湾

中小型前沟牙类毒蛇。头较小，与颈区分不明显。体圆柱形，尾短，末端为坚硬的圆锥形尖鳞。头背黑色，具2条黄白横纹，前条细，后条较粗，呈倒 "V" 字形。体、尾背面红褐色，具约1枚背鳞宽的镶金边的黑横纹17—22+3—4条。腹面白色，具长短不等、宽窄不一的黑横斑。背鳞平滑，通身15行。

国内分布于福建、广东、广西、湖南、江西、安徽、浙江、云南、贵州、重庆。国外分布于越南、老挝。

福建华珊瑚蛇

Sinomicrurus kelloggi (Pope, 1928)

Kellogg's coral snake ·

① 头背具2条白横纹，前条细，后条粗，倒 "V" 字形 / 产地浙江

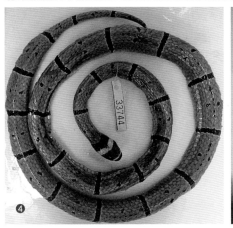

② 产地云南

③ 产地云南

④ 正模标本背面，保存在美国自然历史博物馆／产地福建

⑤ 正模标本腹面，保存在美国自然历史博物馆／产地福建

⑥ 产地云南

⑦ 产地云南

⑧ 产地浙江

⑨ 产地浙江

⑩ 产地云南

⑪ 产地浙江

⑫ 产地云南

⑬ 产地安徽

⑭ 产地安徽

⑮ 产地云南

羽鸟氏华珊瑚蛇

Sinomicrurus hatori (Takahashi, 1930)

- 羽鸟氏带纹赤蛇（台湾）
- Hatori's coral snake

中小型前沟牙类毒蛇。头较小，与颈区分不明显。体圆柱形，尾短，末端为坚硬的圆锥形尖鳞。头背深棕色或黑色，前额具浅棕色的不规则斑点，在眼睛后方具1条较粗的奶油色或白色的横斑。体、尾背面红色、暗红色或橘红色，自颈至尾尖具3条明显的黑色纵带，位于体背正中及两侧。体侧具18—21个呈黑白镶嵌的短横斑。腹面白色或污白色，具许多大小不一、分布不规则的黑色横斑。与梭德氏华珊瑚蛇形体相似，区别是后者体侧具极少短横斑或无横斑。

中国特有种。仅分布于台湾。

① 体侧具黑白镶嵌的短横斑 / 产地台湾　　② 产地台湾
③ 产地台湾
④ 产地台湾
⑤ 产地台湾
⑥ 产地台湾

海南华珊瑚蛇

Sinomicrurus houi Wang, Peng and Huang, 2018

• Hou's coral snake

中小型前沟牙类毒蛇。头较小，与颈区分不明显。体圆柱形，尾短，末端为坚硬的圆锥形尖鳞。头背黑色，前额具1条白色窄横纹；头背后部具2条对称的白色细纹，呈"八"字形，自额鳞一直延伸到颈部，且逐渐变宽。体、尾背面红褐色，具约1枚背鳞宽的镶金边的黑横纹16—19+2—4条。腹面白色，具长短不等、宽窄不一的黑横斑。背鳞平滑，通身15行。

国内分布于海南、广西。国外分布于越南。

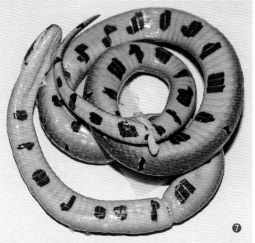

① 产地海南
② 吃黄链蛇 / 产地海南
③ 产地海南
④ 产地海南
⑤ 正模标本头背 / 产地海南
⑥ 正模标本背面 / 产地海南
⑦ 正模标本腹面 / 产地海南
⑧ 正模标本头右侧 / 产地海南
⑨ 正模标本头左侧 / 产地海南
⑩ 正模标本头腹面 / 产地海南

广西华珊瑚蛇

Sinomicrurus peinani Liu, Yan, Hou, Wang, Nguyen, Murphy, Che and Guo, 2020

• Guangxi coral snake

中小型前沟牙类毒蛇。头较小，与颈区分不明显。体细长，尾短，末端为坚硬的圆锥形尖鳞。眼小。头背色黑，具1条前端略呈倒 "V" 字形的白色宽横斑。体、尾背面红褐色，具镶黄边的黑横纹27—32+3—4条。腹面黄白色，具47+5个黑横斑或方斑。背鳞平滑，通身13行。

国内分布于广西、广东。国外分布于越南。

① 头背具白色宽横斑／产地广西
② 产地广西
③ 产地广西
④ 产地广西
⑤ 产地广西